养殖致富攻略·疑难问题精解

科学养鹌鹑120问

KEXUE YANG ANCHUN
120 WEN

120问

赵宝华　李慧芳　张麦伟　主编

中国农业出版社
北　京

内容提要

本书由中国农业科学院家禽研究所、金陵科技学院、扬州大学、伟翔生物工程（天津）有限公司、江西省恒衍禽业有限公司等鹌鹑产学研领域中的专家和一线技术人员共同编写而成。本书包括我国鹌鹑生产概况、鹌鹑品种介绍、鹌鹑养殖场建设、营养需要与饲料配制、饲养管理、人工孵化技术、疫病防控技术、废弃物无害化处理与利用、加工与经营九个方面的内容，介绍了鹌鹑的生产特色和优势，同时结合《中华人民共和国环境保护法》和乡村振兴战略，介绍了低蛋白日粮技术、无抗养殖、抗生素替代品、生态循环养殖、粪污综合利用等现代畜牧业新时代发展的内容，全面引导科学养殖鹌鹑，注重生态环境，保障鹌鹑食品安全，提高鹌鹑养殖的经济效益、社会效益和生态效益。

本书内容翔实，重点突出，实用性强，可操作性好。为方便读者对症查找，本书将科学养鹌鹑归纳成120个问题，采用问答形式进行针对性解答，力求说清道理，辅以直观的图片，让读者能快速理解和掌握。本书的内容具有普及和提高相结合的特点，介绍的防治措施具有较强的可操作性，可供广大鹌鹑养殖者、乡村干部、基层农技人员、畜牧兽医工作者、农牧业院校相关专业师生学习参考。

编写人员

主　编　赵宝华　李慧芳　张麦伟

副主编　戴鼎震　杨海明　范建华　张　丹　万晓星　关伟伟

参　编　程　旭　蒋加进　王　莹　徐世永　单玉平　张孝庆　樊庆灿　顾宝勇　孙旭初　武德岭　张乃明　樊继刚　茅慧华　陈俊红　俞　燕　付胜勇　李建梅　沈欣悦　刘宏祥　宋卫涛　陶志云　徐文娟　刘继强　聂丽峰　张广全　马世界　冯国芳　关陆平　马瑞华　方　超　王振启　姜　逸　高明燕　韦玉勇　聂汉大　王晓峰　李　新　范梅华　李婷婷　朱　静　许　明　王金美　邹建香　李新和　段英海　岳书霞　赵　靓

校　对　赵　靓

鹌鹑简称鹑，是一种古老的鸟类，具有生长快、性成熟早、产蛋早、产蛋多、吃料少、排泄少、适应性强、耐粗饲、抗病力强等特点，适合规模化、集约化、机械化、自动化和标准化饲养，符合国家倡导的高效现代化农业发展要求。鹌鹑肉和蛋营养价值高，蛋白质含量高，胆固醇含量低，而且肉质细嫩，氨基酸丰富，药用价值也很高，素有“动物人参”之美誉，已成为筵席珍肴。

目前，我国鹌鹑的饲养量和消费量均居世界之首，可谓“小鸟也可做出大产业”。根据国家《中华人民共和国环境保护法》对畜禽养殖新要求以及乡村振兴战略中“产业兴旺、生态宜居”的新目标，为了科学引导鹌鹑养殖，促进鹌鹑养殖业可持续健康发展，应中国农业出版社之邀，中国农业科学院家禽研究所、金陵科技学院、扬州大学、伟翔生物工程（天津）有限公司、北京德岭鹌鹑养殖场、江西省恒衍禽业有限公司等鹌鹑产学研领域中的专家和生产技术人员共同编著了《科学养殖鹌鹑120问》一书。

本书共九个方面，系统分析和介绍了鹌鹑的生产特色和技术要点，以及低蛋白日粮、无抗养殖、抗生素替代品、生态循环养殖、粪污综合利用等现代技术。本书内容翔实，重点突出，实用先进，为方便读者对症查找，采用问答形式进行针对性解答，并辅以直观的图片，力求说清道理，帮助读者快速理解和掌握。

本书在编写过程中得到了林其騄老前辈的指导，并得到了高校院所专家和企业家的无私帮助与热心支持，也得到众多同仁的通力协助，在此一并表示诚挚的感谢！

书中不足之处在所难免，敬请读者提出宝贵意见！

赵宝华

2021年12月26日于扬州

目录
CONTENTS

一、我国鹌鹑生产概况

1 鹌鹑作为特禽，"特"在哪里？

（1）鹌鹑历史悠久　鹌鹑是一种古老的鸟类，简称鹑，又称鹑鸟、宛鹑、奔鹑（图 1-1），属于鸟纲鸡形目雉科鹑属，是鸡形目中最小的一类。早在 5 000 年前埃及的壁画上就有鹌鹑的图像。金字塔上也有食用鹌鹑的记载。中国是野鹌鹑主要产地之一，也是饲养野鹌鹑最早的国家之一，《诗经》中有过"鹑之奔奔""不狩不猎，胡瞻尔筵有悬鹑兮！"的诗句。其肉和蛋营养丰富，味美爽口，与人类的关系源远流长。鹌鹑经过驯化，战国时代，鹌鹑已被列为六禽之一，成为筵席珍肴。

（2）鹌鹑呈世界性分布　鹌鹑分布极广，品种繁多，世界许多国家都很重视鹌鹑的饲养，尤其是美国、加拿大、意大利、朝鲜、亚洲东南亚国家均有较大规模饲养（图 1-2）。在朝鲜，几乎每个养殖场都饲养鹌鹑。鹌鹑养殖业，在日本和朝鲜两国的养禽业中已跃居第 2 位。我国上海于 20 世纪 30 年代开始引进鹌鹑，70 年代开始引进朝鲜鹌鹑，80 年代又相继引进法国肉用鹑。鹌鹑作为特禽，现已被人们逐渐认识并视作滋补珍品，鹌鹑养殖业也逐渐扩大繁荣。经统计，2019 年世界饲养鹌鹑 10 亿多只，我国鹌鹑饲养量超过 3 亿只，销售产值 3 000 多亿元，排名成为鸡、鸭、鹅、鸽之后的第 5 位家禽产业。

（3）鹌鹑素称"动物人参"　鹌鹑肉和鹌鹑蛋营养价值高，蛋白质含量高，胆固醇含量低，而且肉质细嫩，氨基酸丰富，药用价值也很高，素有“动物人参”之美誉。医学界认为，鹌鹑肉适宜于营养不良、体虚乏力、贫血头晕、高血压、肥胖症、动脉硬化症等患者食用。鹌鹑蛋富含优质的卵磷脂、多种激素和胆碱等成分，对人的神经衰弱、胃病、肺病均有一定的辅助治疗作用。

（4）鹌鹑堪称“产蛋机器” 鹌鹑 30 多日龄就开始产蛋，是开产最早的禽类（图 1-3）；而蛋鸡一般约 4 月龄开产，蛋鸭约 5 月龄开产，种鹅约 9 月龄开产。鹌鹑的产蛋量又很高，2 天可产 3 枚蛋，甚至有时会 1 天产 2 枚蛋，年产蛋高达 270 枚；海兰褐蛋鸡年产蛋 210 枚（海兰褐蛋鸡是蛋鸡中的优良品种），绍兴麻鸭年产蛋 230 枚（绍兴麻鸭是蛋鸭中的优良品种），新扬州鹅一般年产蛋 60 枚左右（新扬州鹅是国家新审定的鹅品种，是种鹅中的优良品种）。

图 1-1 中国黄羽鹌鹑
（张麦伟提供）

图 1-2 朝鲜麻羽鹌鹑
（张麦伟提供）

图 1-3 鹌鹑蛋

2 鹌鹑有哪些饲养优势？

目前，我国鹌鹑饲养量位居世界之首。鹌鹑具有体型小、生长快、性成熟早、产蛋早、产蛋多、吃料少、排泄少、适应性强、耐粗饲、抗病力强等特点，并且鹌鹑养殖投资少、见效快、效益高，深受广大养殖者的喜爱。鹌鹑品种优良，已制定了鹌鹑营养标准，以饲喂全价配合饲料为主，新技术、新装备应用广泛，全部采用人工孵化技术，自动喂料机、自动喷雾消毒机、机械刮粪设备等普遍推广应用，机械化程度高，饲养密度高，非常适合规模化、集约化、机械化、自动化和标准化饲养（图 1-4），符合国家倡导的高效现代化农业发展要求。

可见，鹌鹑养殖具有高效、绿色、安全生产特色，是一个带动农民脱贫致富、建设社会主义新农村的好项目，更是我国乡村振兴战略中畜牧业发展的优选项目（图 1-5）。

图 1-4　鹌鹑机械化饲养

图 1-5　鹌鹑规模化养殖场

3 为什么说鹌鹑养殖业的发展前景广阔?

党的十九大报告中提出，我国社会主要矛盾已经转化为人民日益增长的美好生活需要和不平衡不充分发展之间的矛盾。随着人民生活水平不断提高，广大人民基本告别了缺衣少食的贫穷生活，生活质量有了明显的提高，动物源性食品在人们膳食结构中逐步占据了重要位置，对家禽的消费也由温饱数量型向品质型消费方向转变，出现了追求优质食品的消费升级需求，人们更加注重食品的品质和绿色健康安全。

鹌鹑养殖适合规模化、集约化和标准化生产，鹌鹑养殖场投资少，占地少，1万羽的蛋鸡舍可用于饲养10万羽鹌鹑。鹌鹑开产早，30多日龄就开始产蛋；产蛋多，年产蛋可达到270枚；料蛋比低，是典型的节粮型养殖品种。鹌鹑抗病性强，可做到无抗养殖，保证肉蛋食品的绿色无公害。鹌鹑蛋目前批发价只有12元/千克，比鸡蛋价格略高（鸡蛋10元/千克），比鸽蛋价格低得多（鸽蛋4元/枚），淘汰鹌鹑也只有3元/只。可见，鹌鹑肉和鹌鹑蛋的价格都非常亲民、大众化，普通老百姓可以消费得起，其营养价值高、品质高，又具有野味，深受广大消费者欢迎。

鹌鹑产品深加工技术成熟，应用广泛。据中国蛋品行业协会统计，我国鹌鹑蛋被广泛地加工成松花蛋、卤蛋等产品，其加工量占鹌鹑蛋总产量的2/3左右，只有1/3的产量是以鲜蛋形式销售的，且鹌鹑蛋加工后的利润远高于鲜蛋。鹌鹑肉经深加工为旅游休闲食品，便于销售和流通，也方便携带和食用。更广阔的鹌鹑深加工技术研究，如从鹌鹑身体中萃取出有效成分，研制出健康养生的保健用品（包括鹌鹑药酒、鹌鹑保健胶囊等）也在市场开发之中。鹌鹑产品的深加工不仅丰富了市场供应，方便了消费者，增加了产品需求，而且稳定了产品市场价格，对促进鹌鹑养殖可持续发展具有十分重要的意义。

随着我国生活水平的提高，健康消费理念的增长，以及人口老龄化加速，心血管病等“富贵病”的不断攀升，人们更加注重食品的安全和品质，养生保健日益增强，对鹌鹑产品需求会稳步增长。据测算，鹌鹑产业每年会以平均 20%的增长率发展，其未来提升的空间巨大。

鹌鹑有哪些形态特征？

鹌鹑分为野生鹌鹑和家养鹌鹑两类。

（1）野生鹌鹑　体长约 18 厘米，体小而滚圆，褐色带明显的草黄色矛状条纹及不规则斑纹，公母上体均具红褐色及黑色横纹。公鹑颏深褐，喉中线向两侧上弯至耳羽，紧贴皮黄色项圈。皮黄色眉纹与褐色头顶及贯眼纹成明显对照。母鹑也有相似图纹，但对照不甚明显。常成对而非成群活动，一般在平原、丘陵、沼泽、湖泊、溪流的草丛中生活，有时也在灌木丛活动。喜欢在水边的草地上营巢，有时在灌木丛下做窝。主要以植物种子、幼芽、嫩枝为食，有时也吃昆虫及无脊椎动物。

（2）家养鹌鹑　由野鹑驯化而来，经过长期的遗传改良，在体型、体重、外貌、羽色、羽型、生产性能、适应性、行为等诸多方面，都与野鹑迥然不同。家鹑在人类的精心培育下，由于培育目的不同，家鹑的体形外貌会因品种、品系、配套系等的不同而不一样。例如羽色，家鹑的羽色多呈栗褐色（图 1-6），又称野生色，也有黑、白、黄色及杂色的羽毛。有色羽鹌鹑品种，羽色系由黄、黑、红三种不同色素混合而成；而白色羽毛品种，是因为不含色素所致。杂色羽则多为杂交品种或返祖现象，或性状分离形成。肉用型鹌鹑比蛋用型鹌鹑大；而母鹑则较公鹑体重大，这在其他禽种中极为罕见。其体形呈纺锤形，头小，喙细长而尖，无冠、鼻瘤、髯、距，尾羽短而下垂。家养的公鹑体重一般为 110～120 克；母鹑体

图 1-6　日本鹌鹑
（孙旭初提供）

重可达140～150克。本书介绍的养殖鹌鹑是家养鹌鹑，下面不再累赘重复说明。

5 鹌鹑有哪些生活习性？

熟悉鹌鹑的生活习性，有利于指导生产，提高饲养管理水平。

（1）残留野性　家鹑与野鹑的生物学特性已有很大差别，但仍保留了一些野鹑的行为习性，例如鹌鹑4日龄前有逃窜行为，6日龄前反应灵敏。爱蹦跳，疾走，能短距离飞翔（一般1～2米）。公鹑好斗，善鸣，以此表达求偶信息，吸引母鹑的注意；母鹑有时也会发生啄斗等野性行为。

（2）富神经质　鹌鹑性情活泼，反应敏捷，富于神经质，对周围应激反应强烈，容易发生群体骚动，不安，出现挤堆、向上蹦撞等现象，易引起应激性伤亡。

（3）杂食性　鹌鹑食性杂，嗜食颗粒饲料和昆虫，也可食用青饲料、食品副产品、海产品等辅料。有发达的味觉，对甜和酸味较喜爱，对饲料变化十分敏感。消化能力强，饲料利用率高。

（4）耐干畏寒热　鹌鹑喜生活于温暖干燥的环境，对寒冷、高温和潮湿的环境适应能力较差。鹌鹑的生长和产蛋均需要合适的温度，其适宜的环境温度为20～28℃，最佳产蛋温度为24～25℃。当鹌鹑舍内气温低于10℃时，产蛋量会锐减，遇到严寒时甚至会停产，并出现脱毛现象。气温超过30℃时，食欲下降，产蛋减少，蛋壳变薄易碎。

（5）性成熟早　鹌鹑性成熟、体成熟都较早，是禽类中特别早熟的一类。一般公鹑1月龄开叫，45日龄后有求偶与交配行为；母鹑在35～50日龄开产，且具有较高的产蛋量，年产蛋250～270枚。肉用鹑一般40～45天可上市出售，是禽类生产周期非常短的一类。

（6）无就巢性　鹌鹑的抱窝就巢习性已在人工驯化过程中消失，繁衍后代全部依靠人工孵化（孵化期为16～17天），这一特性为其高产蛋率提供了保障。

（7）择偶性强　鹌鹑属公母有限的多配偶制（一般公母配比为1：4），在小群交配时公、母鹑均有较强的择偶性，受精率一般较低。大群交配时择偶性不强，受精率反而较高。公鹑性欲旺盛，日交配次数可达30多次，且交配多为强制行为。

（8）新陈代谢旺盛　鹌鹑喜动，并不停地采食，每小时排粪2～4次。其新陈代谢较其他家禽旺盛，体温高而恒定，成年鹌鹑体温40.5～42℃，心跳频率每分钟150～220次，呼吸频率公鹑每分钟35次、母鹑每分钟50次，不过其受室温变化的影响较大。

（9）适应性和抗病力强　鹌鹑能适应不同的环境条件，有旺盛的生命力和较强的耐受力，故其遍布全球，在各种饲养条件下均表现良好。鹌鹑对疾病的抵抗力较强，较少生病，也较少感染传染病。鹌鹑适宜高密度笼养，便于规模化、集约化、工厂化生产。

（10）羽色随季节而变化　日本鹌鹑与朝鲜鹌鹑有夏羽与冬羽之分。

夏羽：公鹑的额部、头两侧及喉部均呈砖红色；头顶、枕部、后颈、背、肩为黑褐色，并夹有白色条纹或浅黄色条纹；两翼大部分为淡黄色、橄榄色，间或夹有黄白纹斑；腹部羽毛冬、夏无变化，均为灰白色。母鹑的夏羽羽干纹黄白色较多，额、头侧、颌、喉部则以灰白色居多，胸羽可见暗褐色细斑点，腹部羽毛为灰白色或淡黄色。

冬羽：公鹑额部、头两侧及喉部的羽毛由砖红色变为褐色；背前羽变为淡黄褐色，背后羽呈褐色，翼羽颜色冬、夏无变化。母鹑的冬羽与夏羽基本相同，只是背部羽毛黄褐色部分增多，颜色加深。

（11）喜沙浴　鹌鹑酷爱沙浴，即使在笼养条件下，若未设置沙浴盘，也会用喙啄取粉料撒于身上进行沙浴，或跳到食槽内沙浴。

（12）鸣声　成年鹌鹑的鸣叫声高亢洪亮，一般是三段连续洪亮声音，第一段鸣声中等长短，接着是短促的，最后是拉长的叫声。啼鸣时往往挺胸直立，昂首引颈，前胸鼓起。母鹑鸣声尖细低回，如蟋蟀声，一般表现为两段短促的声音。

(13) 饲料转化率高　鹌鹑耗料量相对较少，料蛋比一般为(1.8～2.8)∶1，料重比一般为(2.8～3.4)∶1。

6 鹌鹑在行为学方面有哪些特点?

行为是动物对内外环境刺激的一种本能反应，实质是动物对内外环境变化的适应及其整合作用的体现。动物行为学是由生态学、生理学、心理学等学科发展而来的新兴科学，与遗传学、营养学、繁殖学等也有密切关系。通过认识鹌鹑的行为学，可充分利用其原理，指导人工驯化、选种育种、科学饲养管理等多个方面，以提高工作的准确性和效率。

(1) 采食行为　以啄食方式采食，喜食颗粒料型及潮湿的混合料。采食量上午比下午多，5：00—7：00为全天采食高峰。当日有蛋的母鹑上午吃料，下午在产蛋前2小时基本不吃或吃得很少。公鹑全天采食较均匀，其高峰也在夜间。鹌鹑对喂料反应积极，明亮条件下采食积极。群体有争食现象，公鹑采食频率较母鹑高、啄食快、食欲强，采食时有以强欺弱现象。矿物质性颗粒（如砂粒、石粉粒）可提高啄食频率，尤其是产蛋鹑表现更明显。根据其采食喜好，可研制鹌鹑全价颗粒料，以保证饲料品质，提高饲喂效果，减少饲料浪费。

(2) 饮水行为　鹌鹑饮水比较频繁，但每次饮水量不多。饮水时一般是连饮3次后停下来，若再饮又是连饮3次。喜饮清洁水，饮水时爱甩头。饮水量与饲料料型、气温和产蛋量有关。根据其饮水行为，通过训练，让鹌鹑学会在乳头式饮水器上饮水。利用乳头式饮水器饮水，既可保证水质清洁卫生，又节水省事。

(3) 群体行为　鹌鹑喜群居、静、卧，喜用一只腿支撑全身呈“金鸡独立”姿势，尤其是下午更常见。当天没蛋的母鹑较有蛋的母鹑好动。鹌鹑多将粪排在笼的边角处。

(4) 争斗行为　公鹑的啄斗和攻击行为表现明显，为争领地、争配偶、争优势等而大肆啄斗；母鹑很少表现好斗性。公母鹑均欺生，对新转群的鹌鹑有攻击行为，攻击部位包括头、眼、羽毛、肛门、翅膀、趾等，严重时发生啄肛癖与食肉癖，引起大批伤亡。针对其欺生好斗特性，转群或并笼时应尽量选择在夜晚，原笼的鹌鹑尽量还安排在同一笼内。

（5）性行为　求爱时，公鹑开始以僵直步态、羽毛直立、颈平伸的姿态向母鹑靠近，如母鹑同意则以蹲伏姿势回应这种求爱。紧接着公鹑直接爬跨母鹑，在爬跨和交配时，公鹑咬住母鹑头上或颈上的羽毛，伸展翅膀，在躯体保持平衡后，尾部下压，与母鹑的泄殖腔相接触，完成交配行为。交配结束后，公鹑松口，并脱离母鹑，公母鹑各自抖动羽毛，公鹑会趾高气扬地走开或得意地啼叫。

（6）产蛋行为　当日有蛋的母鹑行为比较笨拙，在采食、饮水、排粪时动作缓慢，行走似企鹅样，喜卧，用手捕捉时不挣扎，异常老实；而当日无蛋的母鹑则会挣扎，乱蹬。产蛋姿势是闭着眼睛站立产蛋，产蛋后眼睛忽睁忽闭，往往发出“噜—、噜—”的低鸣声，10 分钟左右开始采食，活动恢复正常。产蛋高峰一般在14：00—16：00 时。根据鹌鹑的产蛋行为特点，养殖场应尽量安排在上午做好其生产管理工作，下午尽量少到鹌鹑舍，以免打扰到鹌鹑，减少对鹌鹑产蛋的影响。

母鹑通常在产蛋后 15～30 分钟后开始排卵，卵子通过产道的时间顺序是：输卵管漏斗部 30 分钟，膨大部 2～2.5 小时，峡部 1.5～2 小时，在子宫部停留 19～20 小时。蛋壳的着色大约发生于产蛋前 3.5 小时。

（7）鸣叫行为　鹌鹑爱鸣叫，特别是群饲的公鹑叫得更欢，而单笼饲养的则很少鸣叫。公鹑一般 1 月龄开始鸣叫，起初是短音节做“咕噜”声，45 日龄时可叫成一串；鸣叫时引颈挺胸，姿势憨态可掬；一个叫，个个跟着叫，昼夜不息，声音高亢；啼叫声一般是三段连续的刺耳音，第一段啼声中等长短，接着是短促的，最后是拉长的叫声；低强度表示满足，高强度表示存在危险。母鹑叫声低沉，呈蟋蟀的丝丝叫声；如母鹑发出短促的两段叫声，是为了求交配。

（8）应激行为　鹌鹑对外界的各种应激反应较为敏感和强烈。当重新组群或并笼时，其采食、饮水、活动和产蛋等都会受到明显影响，入笼当天，已经产过蛋的母鹑好向外撞，需要很长时间才会安静一些；当日有蛋的母鹑也变得活动频繁，将产蛋时间推迟2小时甚至更长。针对鹌鹑比较敏感、易产生应激行为的特点，在饲养管理中需要特别注意，所有动作要轻柔、细心，如不能带陌生人进入鹌鹑舍，饲养员穿着不能随意更换，白天尽量不转群或并笼，做好防护工作以免黄鼠狼等外来动物闯入等，避免有强刺激行为。

（9）恐惧行为　具体表现在出壳后1小时的逃避行为，然后逐渐加强，直至6日龄，最敏感期为出壳后5～9小时。针对鹌鹑爱恐惧的特点，需做好育雏床的围网，并加强巡视，以防鹌鹑串逃。同时，加强育雏前期的保护工作，避免有应激行为，以免引起雏鹑的恐慌。

（10）单色光敏感行为　鹌鹑对不同单色光视觉刺激的强度和颜色特征有自己的偏爱，其对较强的刺激表现出恒定的偏好，偏好色谱为中段的光（喜好黄和绿甚于红和蓝），对短波长光（蓝色）的偏好甚于长波长光（红色）。在不同波长单色光下饲养的鹌鹑，性成熟的时间有明显差别。根据鹌鹑偏爱黄色光和绿色光的特点，在晚上移群、打疫苗等工作时，尽量选择黄色灯泡或绿色灯泡进行照明，以安抚鹌鹑的情绪，降低鹌鹑的应激反应。另外，也可根据鹌鹑对单色光的敏感行为，控制鹌鹑性成熟时间，可根据育种需要或市场需要等，提前或延迟开产。

（11）夜间活动频繁　除了采食次数夜间显著少于白天外，其余各项行为，在夜间时并不少于白天。

7 鹌鹑有哪些经济学价值？

鹌鹑具有生长快、适应性强、耐粗饲、成熟早、产蛋多、耗料少、排泄少、生长周期短等特点，是一种经济价值极高的特禽。

（1）经济价值高　饲养鹌鹑投资小，见效快，生产周期短。鹌鹑开产早（一般35日龄开产），产蛋多（年产蛋可达270枚），产蛋时间长（一般为400天），被称为小型“产蛋机器”，资金周转快。鹌鹑是一种生长速度极快的禽类，肉鹌鹑40多天即可上市出售，

（2）营养价值高　鹌鹑肉鲜味美，营养丰富，鹑肉中蛋白质含量高达21.2%，还含有多种维生素、矿物质、卵磷脂、激素和多种人体必需的氨基酸，是典型的高蛋白、低脂肪、低胆固醇食物，为举世公认的野味上品，一直被作为高档滋补珍品，也是药膳的重要原料。鹌鹑蛋的营养价值高，蛋中的必需氨基酸结构优于鸡蛋，其中酪氨酸、亮氨酸含量较多，对合成甲状腺素、肾上腺素、组织蛋白和胰岛素有影响；在炎热夏季鹌鹑蛋可贮藏50～60天，比鸡蛋耐贮藏。

（3）劳动效率高　饲养鹌鹑舍投资小，占地少，单位面积饲养量远高于鸡。笼养每平方米可饲养产蛋鹑150只（以五层笼计），且饲养劳动效率高，每人可饲养蛋用鹌鹑1万只，机械化养鹌鹑则饲养量更多，1人可管理蛋鹑3万只以上、肉鹑5万只以上。

（4）药用价值高　我国中医学认为，鹌鹑肉和鹌鹑蛋性味甘、平、无毒，入心、肝、肺、胃、肾经，可补中益气、清利湿热，有补血、养神、健肾、益肺、降血压之功效。现代科学研究表明，鹌鹑肉和鹌鹑蛋内富含卵磷脂、对人体有益的多种维生素和胆碱等成分，对治疗小儿疳积、肾炎浮肿、支气管哮喘、咳嗽日久、白喉、腰酸疼、结核、胃炎、痛经、胎衣不下、神经衰弱、心脏病及高血压引起的头晕等病症有辅助疗效。

（5）优质的有机肥　鹌鹑粪便是养鹑业的一项副产品，其收益仅次于鹑肉和鹌鹑蛋。1只产蛋鹑每天排粪约30克，干燥后约12克，全年可积干鹑粪4千克以上，鹑粪的肥效明显优于其他畜禽粪便。经检测，鹌鹑粪中氮、磷、钾含量是鸡粪的2倍，猪粪的5倍（表1-1）。鹑粪是瓜果蔬菜、花木、茶树、粮食的优质有机肥，深受市场欢迎。

表 1-1 鹌鹑粪、鸡粪和猪粪的肥料成分比较（%）

名称	氮（N）	磷（P）	钾（K）
鹌鹑粪	4.50	5.20	2.00
鸡粪	2.34	2.32	0.83
猪粪	0.56	0.40	0.44

（6）理想的实验动物　由于鹌鹑具有孵化期短、体型小、耗料少、敏感性好、早熟、换代快等优点，是理想的实验动物之一，常被遗传学、营养学、疾病防治学、组织学、胚胎学及药理学等用作实验对象。

（7）可用于狩猎对象　野生动物受野生动物保护法保护，国家也加大了违法查处力度，再加上国家对枪支的管理制度，狩猎爱好者只能到正式的狩猎场狩猎，鹌鹑作为人工饲养的动物具有明显优势，有野性、能飞翔，羽色具有欺骗性，深受狩猎者喜欢。

可见，鹌鹑被社会接受程度高，经济价值高，其养殖投资少、见效快，适合规模化、集约化、机械化、自动化和标准化饲养，具有强大的市场发展前景，是发家致富的好项目，是我国乡村振兴战略中产业兴旺的优选项目。

二、鹌鹑品种介绍

8 国内外有哪些鹌鹑优良品种?

鹌鹑经过近百年的驯化和培育，迄今已育成20多个品种和自别雌雄配套系，分为蛋用型和肉用型两种，广泛分布于日本、法国、美国和中国等世界各地，欧洲和美洲主要饲养肉用鹑，亚洲主要饲养蛋用鹑。优良品种（系）主要有日本鹌鹑、朝鲜鹌鹑、法国迪法克（FW系）肉用鹌鹑、法国莎维玛特肉用鹌鹑、法国菲隆玛肉用鹌鹑、爱沙尼亚鹌鹑、英国白鹑、法国白鹑、美国加利福尼亚白鹑、菲律宾鹌鹑、澳大利亚鹌鹑等。

日本鹌鹑以体型小、产蛋多、遗传性能稳定而闻名于世，由日本小田厚太郎于1911年驯化育成，为国际公认的优良蛋用型品种，是鹌鹑新品种培育的重要基因库。主要分布于日本、朝鲜半岛、印度及东南亚地区，我国分布不广，量也较少。朝鲜鹌鹑从日本鹌鹑分离选育而成，其均匀度与生产性能均有较大提高。20世纪90年代朝鲜鹌鹑在我国分布最广、数量最多，曾是我国蛋鹑中的当家品种。朝鲜鹌鹑经过我国多年来的持续性选育与扩繁，生产性能大大提高，数量相当庞大，市场面极广，为当前养鹑业的优良蛋用型品种。朝鲜鹌鹑纯种除用来繁殖、生产外，还是中国白羽蛋鹑及中国黄羽蛋鹑自别雌雄配套系的母系母本。

中国白羽鹌鹑原称北京白羽鹌鹑，20世纪80年代由北京市种鹌鹑场牵头选育，由朝鲜鹌鹑隐性突变而来，属隐性白羽类型，为我国自行培育的高产新品系，目前保种于北京德岭鹌鹑养殖场等单位。我国对黑羽鹌鹑也正在积极地进行研究与开发。我国在黄羽鹌鹑上选育更为活跃，并取得了显著成绩，分别培育了南农黄羽系鹌鹑、河南周口黄羽系、神丹 1 号等，是我国饲养的主要品种。南农黄羽系鹌鹑由南京农业大学种鹌鹑场于 1989 年选育而成。河南周口黄羽系由河南科技大学和周口职业技术学院于 1992 年选育而成。神丹 1 号鹌鹑由湖北神丹健康食品有限公司与湖北省农业科学院畜牧兽医研究所于 2012 年培育而成，是小型蛋用鹌鹑配套系，是我国第一个国家审定的鹌鹑新品种配套系。

鹌鹑的品种直接影响鹌鹑品质、产量和经济效益，关系到鹌鹑业能否可持续发展。提高鹌鹑场的经济效益，饲养优良品种是首要条件。

9 日本鹌鹑有哪些特点？

日本鹌鹑为驯养繁育最早的鹌鹑品种，体型小，产蛋多，遗传性能稳定，是培育鹌鹑新品种（系）的重要基因库（图 2-1）。其体羽呈栗褐色，头部黑褐色，其中央有淡色直纹 3 条。背羽赤褐色，均匀散布着黄色直条纹和暗色横纹，腹羽色泽较浅。公鹑面部、下颌、喉部为赤褐色，胸部呈红砖色；母鹑面部淡褐色，下颌灰白色，胸部浅褐色，上缀有粗细不等的黑色斑点，其分布范围似鸡心状。眼虹彩呈红褐色，喙灰色，胫肉棕色。叫声为别具一格的哨音声。成年公鹑体重 110 克，母鹑 140 克。在限饲条件下 6 周龄开产，年产蛋 250～300 枚，高产品系超过 320 枚。平均蛋重 10.5 克，蛋壳上布满棕褐色或青紫色的斑块或斑点。

图 2-1　日本鹌鹑
（引自林其璪）

后来日本鹌鹑适度引进了外来血源改良，称为日本改良鹑，其生产性能得到了提高，成熟早，40 日龄开产，初生蛋重 6 克左右。生长发育快，6～7 周龄内生长极快，10 周龄体重可达 100～140 克。体型小，成年公鹑体重约 100 克，母鹑约 140 克。采食量少，平均每只成年鹌鹑采食量仅为 21～23 克，料蛋比为 2.9：1。产蛋量高，平均年产蛋 300 枚，全年产蛋率达 75%～85%，平均蛋重 10 克。日本鹌鹑的种用日龄为 85～320 天。

日本鹌鹑的缺点是对环境要求较高，舍温为 20～28℃时可以全年产蛋，但舍温高于 30℃或低于 10℃时产蛋率会下降；种蛋受精率低，一般为 50%～70%；日粮中蛋白质要求高，往往需要达到 24%～26%。

10 朝鲜鹌鹑有哪些特点？

朝鲜鹌鹑由日本鹌鹑分离选育而成，20 世纪 90 年代在我国分布最广、数量最多，曾是我国蛋鹑中的当家品种（图 2-2）。朝鲜鹌鹑经过我国多年来的持续性选育与扩繁，生产性能大大提高，数量大，市场广，为当前养鹑业的主要良种。纯种朝鲜鹌鹑除用来繁殖、生产外，还是中国白羽蛋鹑及中国黄羽蛋鹑自别雌雄配套系的母系母本，同样是培育鹌鹑新品种的重要基因库。

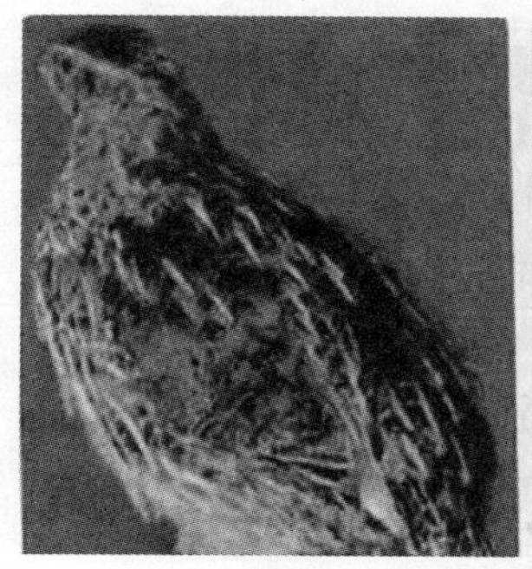

图 2-2　朝鲜鹌鹑（引自林其騄）

朝鲜鹌鹑羽色与日本鹌鹑类似，体型中等，成年公鹑体重 125～130 克，母鹑 150～170 克，均大于日本鹌鹑。一般在 40～50 日龄开产，年产蛋 270～280 枚，年产蛋率 75%，蛋重 10.5～12

克，蛋壳具有褐色或青紫色的斑块或斑点。每只鹌鹑日耗料 23～25 克，料蛋比为 3.3∶1，朝鲜鹌鹑的种用日龄为 90～300 天。

11 日本鹌鹑与朝鲜鹌鹑在生产性能上有哪些差异？

日本鹌鹑与朝鲜鹌鹑都是蛋用型品种，日本鹌鹑属于小型品种，朝鲜鹌鹑属于中型品种。江苏无锡郊区畜禽改良场饲养对比试验，日本鹌鹑与朝鲜鹌鹑 1～5 周龄采食量与体重增长率见表 2-1，日本鹌鹑与朝鲜鹌鹑产蛋率分布情况见表 2-2。

表 2-1　日本鹌鹑与朝鲜鹌鹑 1～5 周龄采食量与体重增长率

周龄	周末平均体重（克）		平均耗料（克）		平均增重（克）	
	日本鹌鹑	朝鲜鹌鹑	日本鹌鹑	朝鲜鹌鹑	日本鹌鹑	朝鲜鹌鹑
1	18.15	20.07	22.19	27.44	11.73	14.02
2	39.50	43.87	51.45	59.01	21.35	23.80
3	68.50	78.05	78.75	80.50	29.00	34.18
4	76.16	89.55	87.64	102.56	14.08	17.55
5	98.43	126.43	114.31	126.63	22.67	36.88

表 2-2　日本鹌鹑与朝鲜鹌鹑产蛋率分布情况

月龄	产蛋率（%）		月龄	产蛋率（%）		月龄	产蛋率（%）	
	日本鹌鹑	朝鲜鹌鹑		日本鹌鹑	朝鲜鹌鹑		日本鹌鹑	朝鲜鹌鹑
2	84.35	71.22	5	95.15	90.66	8	89.44	74.00
3	98.04	86.40	6	94.03	89.15	9	85.62	72.50
4	95.50	92.25	7	90.11	85.50	10	85.05	69.66

12 中国白羽鹌鹑的生产性能怎样？

中国白羽鹌鹑原称北京白羽鹌鹑，由北京市种鹌鹑场牵头选育，由朝鲜鹌鹑隐性突变而来，属隐性白羽类型，为我国自主培育的高产蛋用型新品系（图 2-3）。中国白羽鹌鹑体型优美，体羽呈白色，有浅黄色条斑。初生雏鹑为淡黄色绒毛，待初级换羽后（2 周龄）即换为白色羽。虹彩粉红色，属不羞明型。喙、胫为肉色或淡黄棕色。成年公鹑体重 130～140 克，母鹑 160～180 克。6 周龄开产，年产蛋率 85%以上，年产蛋 270～300 枚，显著高于朝鲜鹌鹑。蛋重 11.5～13.5 克。每日耗料 25～27 克，料蛋比为 2.73：1，种用日龄为 90～300 天。

图 2-3　中国白羽鹌鹑

13 我国自主培育的神丹 1 号鹌鹑配套系有哪些特点？

神丹 1 号鹌鹑配套系由湖北省农业科学院与湖北神丹健康食品有限公司联合研发，2011 年获得国家畜禽遗传资源委员会的审定，2012 年被批准为我国第一个自主培育的鹌鹑新品种配套系。神丹 1 号鹌鹑配套系属于体型轻的小型蛋用鹑，作为制作皮蛋的专供品系（图 2-4）。其具有体型小、耗料少、产蛋率高、蛋品质量好、生产性能稳定、整齐度好、成活率高、综合效益高等特点。

图 2-4　神丹 1 号鹌鹑

（引自林其騄）

神丹1号鹌鹑配套系体羽呈浅黄色或栗褐色。成年公鹑体重110～130克，母鹑130～150克，开产日龄43～47天，35周龄入舍鹌鹑产蛋数155～165枚，年产蛋250～300枚，平均蛋重10.5～11.5克，平均日耗料21～24克，料蛋比为2.5～2.7：1，商品代鹌鹑育雏期成活率达95%以上，种用日龄为85～320天。

14 南农黄羽系鹌鹑生产性能怎样?

南农黄羽系鹌鹑由南京农业大学种鹌鹑场选育（图2-5）。体型中等，与朝鲜鹌鹑相近，体羽浅黄色。开产日龄、蛋重与朝鲜鹌鹑相近，但产蛋率和抗病力超过朝鲜鹌鹑，年平均产蛋率超过83%，高峰产蛋率达93%～95%。

图2-5　南农黄羽系鹌鹑
（引自林其騄）

15 河南周口黄羽系鹌鹑生产性能怎样?

河南周口黄羽系鹌鹑由河南科技大学和周口职业技术学院等选育。体羽基本为黄麻色或黄褐色，与栗色的朝鲜鹌鹑相比明显不同，背部棕色比重大，但棕色羽片上带有金黄色柳叶状条斑和横斑，使背部发黄。体型与朝鲜鹌鹑相近，体重相当，成年公鹑体重100～110克，母鹑120～150克。51日龄开产，平均蛋重11.5克，300日龄产蛋213枚。

16 蛋肉兼用型爱沙尼亚鹌鹑的生产性能怎样？

爱沙尼亚鹌鹑在我国饲养很少。羽毛为赫石色与暗褐色相间的羽色，公鹑胸部为赭褐色，母鹑胸部为带黑斑点的灰褐色，能飞翔，无就巢性。母鹑比公鹑重10%～12%，部分生产指标优于蛋用鹑或肉用鹑的生产性能，在生长速度上也好于日本鹌鹑。47日龄开产，年产蛋315枚，年平均产蛋率86%，年产蛋总量3.8千克。成年鹌鹑每只每天耗料量为28.6克，料蛋比为2.62∶1。

17 为何我国肉用型鹌鹑饲养较少？肉用型鹌鹑有哪些优良品种？

肉用型鹌鹑指以产肉为主要用途的品种、品系和配套系，其商品种蛋孵化出雏后，不论公母，在经25～40天饲养、育肥后，全部作为肉用仔鹑上市或被加工。

经统计，我国鹌鹑饲养量超过3亿只，其中绝大多数为蛋用型鹌鹑，之所以肉用型鹌鹑饲养量较少是由于销售价格高而难以被市场接受。肉用型鹌鹑上市时生产成本为5～6元/只，而淘汰的蛋鹑销售价只有3元/只，且我国有大量的蛋用鹑淘汰，致使肉用型鹌鹑销售价格无法被市场接受，仅供应特别需要的高级宾馆或餐馆，市场上基本上难以看到肉用型鹌鹑销售。

肉用型鹌鹑优良品种有法国迪法克（FW系）肉用鹌鹑、法国莎维玛特肉用鹌鹑、法国菲隆玛肉用鹌鹑等。

（1）法国迪法克（FW系）肉用鹌鹑　法国迪法克（FW系）肉用鹌鹑又称法国巨型肉用鹌鹑（图2-6），20世纪90年代初北京市种鹌鹑场、江苏省淮阴市鹌鹑场、无锡市郊区畜禽良种场等单位从法国引进，国内主要分布于北京、江苏等地区。其体型硕大，头、喙皆小，初生雏绒毛色泽鲜明，头部金黄色，绒毛直至1月龄后才逐渐消失。成年鹌鹑体羽呈黑褐色，间杂有红棕色的直纹羽毛，头部黑褐色，头顶有3条浅黄色直纹，尾羽短。公鹑胸部羽毛呈红棕色，母鹑为灰白色，其上缀有黑色斑点。法国迪法克（FW

系）肉用鹌鹑适应性和生活能力强。成年公鹑体重 300～350 克，母鹑 350～450 克；38～43 日龄开产，7 周龄逐步进入产蛋高峰，年产蛋 263 枚，平均产蛋率 70%～75%，种鹑繁殖期为 5～6 个月，种用日龄为 90～200 日龄，蛋重 12.5～14.5 克。肉用仔鹑最佳品质的屠宰日龄为 45 天，6 周龄平均体重 240 克。

图 2-6　法国迪法克肉用鹌鹑

（2）法国莎维玛特肉用鹌鹑　法国莎维玛特肉用鹌鹑在 20 世纪 90 年代由我国上海等地引进，推广面大，在全国普遍深受欢迎。其体型硕大，其体型、体态和羽色与法国迪法克（FW 系）肉用鹌鹑基本相同（图 2-7）。法国莎维玛特肉用鹌鹑生长速度快，饲料转化率高，适应性和抗病力比法国迪法克（FW 系）肉用鹌鹑强，某些生产性能指标已超过法国迪法克（FW 系）肉用鹌鹑（表 2-3，

图 2-7　法国莎维玛特鹌鹑
（引自林其騄）

表 2-4）。成年公鹑体重 250～300 克，母鹑 350～450 克；35～45 日龄开产，年产蛋 250 枚以上，蛋重 13.5～14.5 克。肉用仔鹑 5 周龄平均体重超过 220 克。

表 2-3　莎维玛特系与迪法克系肉鹑国内饲养对比试验

周龄	周末平均体重（克）		平均增重（克）		平均耗料（克）		料重比	
	莎维玛特	迪法克	莎维玛特	迪法克	莎维玛特	迪法克	莎维玛特	迪法克
1	30.5	31.61	21.84	23.17	28.0	30.37	1.28∶1	1.31∶1
2	70.45	70.70	39.95	9.09	70.4	75.30	1.76∶1	1.92∶1
3	125.34	110.0	54.89	39.30	105.30	116.47	1.92∶1	2.95∶1
4	180.37	159.39	55.03	49.39	136.85	147.44	2.48∶1	2.98∶1
5	226.11	199.6	45.74	40.21	208.6	217.84	4.56∶1	5.42∶1

表 2-4　莎维玛特系与迪法克系肉鹑产蛋率比较

月　龄	产蛋率（%）	
	莎维玛特	迪法克
2	52.31	49.11
3	70.50	68.70
4	88.44	82.58
5	88.15	87.12
6	86.50	83.33
7	84.43	79.81

（3）法国菲隆玛肉用鹌鹑　法国菲隆玛肉用鹌鹑由中国种畜进出口公司引进，我国饲养量较少。其体型属于大型，胫略矮，体形圆，羽色为栗色，其他基本与法国迪法克（FW 系）肉用鹌鹑相同。法国菲隆玛肉用鹌鹑适应性和生活能力强，38～43 日龄开产，成年体重 300～350 克，7 周龄逐步进入产蛋高峰，年产蛋 263 枚，平均产蛋率 70%～75%，蛋重 12.5～14.5 克，种鹑繁殖期为 5～6 月，种用日龄为 90～200 日龄。28 日龄肉用仔鹑体重比相同日龄法国莎维玛特的重 8%～10%。

18 为什么要开展鹌鹑的育种工作?

育种工作花费时间长、投入资金多、见效较慢，但“种”是一切生产的源头，是核心竞争力的资本，是掌握更多商业先机的基础。近几百年来，人类在应用遗传学理论控制、推进鹌鹑遗传特性挖掘的过程中，创造和培育了大量的鹌鹑品种和品系，为鹌鹑生产提供了丰富的资源。所有鹌鹑品种，无论是原始品种，还是地方品种，或是培育品种，都是经过纯繁或杂交育成的。

（1）品种、品系、家系和配套系概念

①品种：指一个种内具有共同血源和主要性状遗传性一致的一种家养动物群体，其遗传性稳定、品质相同，且有较高的经济价值。品种能适应一定的自然环境及饲养条件，在产量和品质上比较符合人类的要求，是人类的农业生产资料。品种是人工选择的历史产物，品种按培育程度一般分为两类，一是原始品种，又称地方品种或土种，是在粗放条件下经长期选育而成，高度适应当地生态条件，但生产力一般较差。二是育成品种，或称培育品种，是在集约条件下通过水平较高的育种措施培育而成，生产效益好，但要求的饲养、培育条件较高。

畜禽品种须由相当数量的个体和品系组成，以保证在品种内能够选优繁衍，而不至于动物被迫近交，具有遗传稳定性、时间性、区域性。一个品种也是一个基因库，某些品种的特有性状往往可以在畜禽育种中发挥重要作用，注意保持稀有的原始品种是种质资源保护工作的重要内容。

②品系：属于品种的结构单位，是指来源于同一祖先，具有明显特征、特性，并能将这些突出特征和特相对稳定地遗传下来的小种群，品系之间是“兄弟姐妹”关系。品系也是育种的基因库，可以是经自交或近亲繁殖若干代以后所获得的在某些性状上具有相当的遗传一致性的后代。在品系繁育中常见的有近交系和专门化品系。

③家系：为纯系繁育的基础群体形式之一。家禽育种群的家

系，一般指一只公禽和合理比例配置若干母禽，具体来说鹌鹑家系由1只公鹑和3只母鹑组成。由于家系的后代是由全同胞或半同胞组成，其遗传差异较小，在共同环境下造成的变异也很小，多用此繁育形式进行低遗传力性状的选择，即家系选择。由许多优良家系支撑品系与品种。

④配套系：又称专门化品系，指生产商品用杂交种的配套杂交组合中的品系，具有较佳特殊配合力，其亲本位置较合适，其子代具有较佳杂交优势的经济性状。它是目前广泛采用的制种方式，具有多快好省的时效性，如神丹1号鹌鹑配套系、中国白羽鹌鹑自别雌雄配套系、中国黄羽鹌鹑自别雌雄配套系等。配套系后代用于商业生产，具有特定的生产优势和特色。

（2）开展鹌鹑育种的重要性　我国鹌鹑育种开始于20世纪60年代，随着改革开放于80年代后期得到了蓬勃发展，但相对于国外的育种历史，我国鹌鹑在育种研究上存在较大差距。90年代曾奋起直追，培育并通过国家审定的神丹1号鹌鹑配套系，然而许多生产性能优良、具有特色的品种（系）因多方面原因未能延续其育种工作，从而使其散落民间，自生自灭。开展鹌鹑育种具有以下意义。

①提高鹌鹑养殖效益的市场需求：鹌鹑养殖在我国一直是稳定发展的，其已成为我国鸡、鸭、鹅、鸽之后的第5位家禽产业。经统计，2019年我国鹌鹑饲养量超过3亿只，销售产值3 000多亿元，我国鹌鹑的饲养量和消费量均居世界之首，产业发展前景广阔。然而，巨大的商机背后，市场混杂，品种匮乏，科研落后于生产问题正日益凸显。近交繁殖的情况普遍存在，导致后代生产性能下降；同时，部分种鹌鹑遗传性能不稳定，后代容易出现性状分离、生产性能大幅下降、抗病力下降、品种退化等问题。因此，应多培育拥有自主知识产权的新品种（品系、配套系），以满足我国鹌鹑业特色发展的需求。

②推动鹌鹑种业创新发展的技术需要：品种创新是养殖立足之本，我国鹌鹑审定品种虽然只有神丹1号鹌鹑配套系，但地方资源

十分丰富，分布于不同地区、不同种鹑场，各自有着不同的用途。大量性状独特、品质优良的地方资源不仅是生物多样性的重要组成部分，也是鹌鹑养殖业赖以发展的物质基础。一些少量的品种资源有着非常优良的生产性能和特色。例如黑羽鹑，因受饮食文化等方面的影响而在市场上较受欢迎。为此，为满足市场不同需求，培育特色的鹌鹑新品种（系）将是我国鹌鹑育种的方向。

③推动鹌鹑可持续发展的产业需要：培育鹌鹑新品种（系），对提高我国种鹌鹑生产性能，加快我国鹌鹑品种自主研发力度，抢占鹌鹑资源制高点和社会商业先机，对做大做强我国鹌鹑产业具有深远的意义。

（3）鹌鹑育种指标　借鉴蛋鸡与肉鸡的有关育种指标，并结合鹌鹑养殖业的具体情况，提出鹌鹑有关育种参考指标，在实践中可根据育种需要而选择。

①蛋用鹌鹑：包括性成熟、5%产蛋率日龄、50%产蛋率日龄、年产蛋量、种蛋合格率、入孵蛋受精率、入孵蛋孵化率、健雏率、0～2周龄育雏率、3～5周龄育成率、总耗料量（千克/只）及平均体重。初产蛋重、平均蛋重、总蛋重（入舍商品蛋鹑数）、平均产蛋率、产蛋高峰期产蛋率、36～500日龄耗料量、平均每只每日耗料量、料蛋比、蛋壳强度、哈夫单位、死亡原因分类等。

②肉用鹌鹑：包括性成熟、5%产蛋率日龄、50%产蛋率日龄、年产蛋量、种蛋合格率、入孵蛋受精率、入孵蛋孵化率、健雏率、0～3周龄育雏率、4～6周龄成活率、5%和50%产蛋率日龄、6～30周龄产蛋数（入舍母鹑数）、平均产蛋率、料蛋比、商品仔鹑上市日龄、平均活重、平均每只每日耗料量、料重比，以及屠宰率各项指标。

商品肉用仔鹑具体测定程序，从10周龄、15周龄和20周龄种鹑孵出的商品鹑中，随机抽取300只雏鹑饲养，记录初生重、每周活重、耗料量、上市日龄及活重、料重比。屠宰时活重（空腹）、屠宰后体重、胸肌重（率）、腿肌重（率）、半净膛重（率）、全净膛重（率）。

19 什么是杂交？杂交育种有哪些方法？

不同品种间的公母鹑交配称为杂交。由两个或两个以上的品种杂交所获得的后代，具有亲代品种的某些特征和性能，可丰富和扩大遗传物质基础和变异性，因此，杂交是改良现有品种和培育新品种的重要方法。

根据杂交目的不同可分为育种性杂交（级进杂交、导入杂交和育成杂交）和经济性杂交（简单经济杂交、三元杂交和生产性双杂交）。

（1）级进杂交　又称改良杂交、改造杂交、吸收杂交，指两个鹌鹑品种杂交，其杂交后代连续几代与其中一个品种进行回交，最后所得的鹌鹑群体基本上与此品种相近，同时也吸收了另一个品种的个别优点。在进行杂交时应注重：①根据提高生产性能或改变生产性能方向选择合适的改良品种；②对引进的改良公鹑进行严格的遗传测定；③杂交代数不宜过多，以免外来血统比例过大，导致杂交品种对当地的适应性下降。

（2）导入杂交　若某个鹌鹑品种基本上能满足需要，但个别性状不佳，难以通过纯繁得到改进，则选择此性状特别优良的另一个品种进行杂交改良。杂交后代连续3～4代与原有品种回交，可纠正原有品种的个别缺点，以提高鹑群的生产性能。此方式常称为引入杂交或导入杂交。在进行导入杂交时应注重：①针对原有鹌鹑种群的具体缺点，进行导入杂交试验，确定导入种公鹑品种；②对导入种群和种公鹑严格选择。

（3）育成杂交　是通过两个或两个以上的鹌鹑品种进行杂交，使其后代同时结合几个品种的优良特性，扩大变异范围，显示多品种的杂种优势，还可以创造出亲本所不具有的新的经济性状，提高后代的生活力及生产性能。育成杂交一般分为杂交阶段、横交固定阶段和自群繁育阶段3个阶段。进行育成杂交时应注重：①要求外来品种生产性能好、适应性强；②杂交亲本不宜太多以防遗传基础过于混杂，导致固定困难；③当杂交出现理想型时应及时固定。

（4）简单经济杂交（二系配套） 两个种群进行杂交，利用AB代的杂种优势进行商品鹑生产（图2-8）。

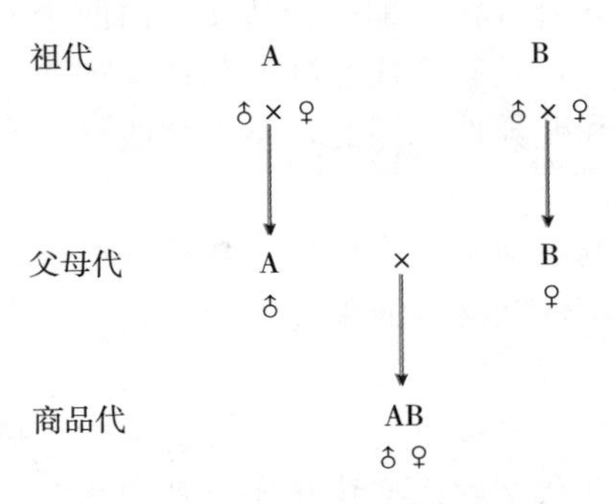

图2-8 二系配套二级繁育体系

进行经济杂交时应注重：①在大规模杂交之前，必须进行配合力测定。配合力是指不同种群的杂交所能获得的杂种优势程度，是衡量杂种优势的一种指标；②配合力有一般配合力和特殊配合力两种，应选择最佳特殊配合力的杂交组合。

（5）三元杂交（三系配套） 是指两个种群的杂种一代和第三个种群相杂交，利用含有三个种群血统的多方面杂种优势进行杂交（图2-9）。

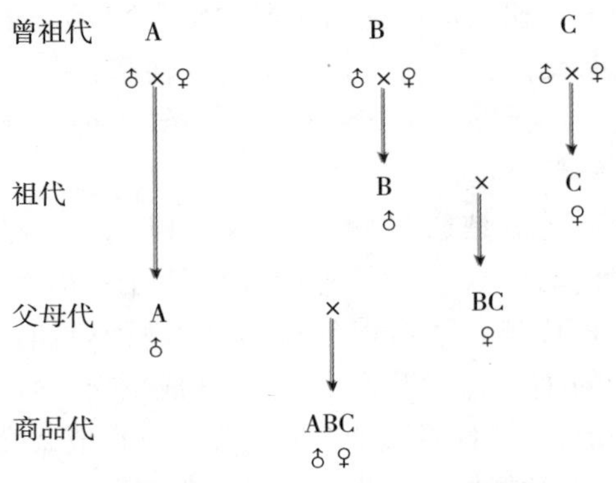

图2-9 三系配套三级繁育体系

（6）生产性双杂交（四系配套）　是指 4 个种群分为两组，先各自杂交，在产生杂种后，杂种间再进行第二次杂交（图 2-10）。现代育种常采用近交系（近交系数达 37.5%以上的品系）、专门化品系（专门用于杂交配套生产用的品系）或合成系，以优良品系为基础，通过品系间多代正反交，对杂种封闭选育形成的新型品系相互杂交。

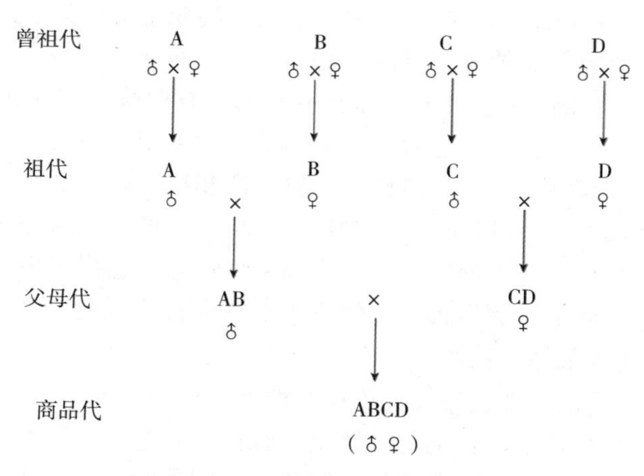

图 2-10　四系配套三级繁育体系

进行生产性双杂交时应注意：①对体系内之各级种群的要求不同：例如在鹌鹑的四系配套中，父本品系总的要求是体重大、早期生长发育快，其中对 A 系的体重和早期生长速度要求更高，而对 B 系则要求有更强的生活力。母本品系总的特点是生活力强、产蛋量高，其中对 C 系要求蛋大和早期生长速度较快，而对 D 系则要求生活力更强和产蛋量更高。②体系内各级种群的任务不同：例如，在三级体系内，对曾祖代主要是根据育种任务和目标进行选优提纯，同时为其他层次提供优秀的后备种鹌鹑；对祖代主要是将曾祖代所培育的纯种扩大繁殖和为父母代提供足够数量的纯种或杂种后备种鹌鹑；父母代的主要任务是繁殖生产商品用鹌鹑。

20 鹌鹑新品种配套系审定和遗传资源鉴定条件有哪些？

我国是鹌鹑养殖与消费大国，鹌鹑良种是鹌鹑可持续发展的基础和关键。国家高度重视遗传资源的保护和新品种配套系的研发，并制定法律法规，现就《畜禽新品种配套系审定和畜禽遗传资源鉴定办法》（农业部令第65号）中关于鹌鹑的规定解读如下。

（1）鹌鹑新品种审定条件

1）基本条件　①血统来源基本相同，有明确的育种方案，至少经过4个世代的连续选育，核心群有6个世代以上的系谱记录。②体型、外貌基本一致，遗传性比较一致和稳定，主要经济性状遗传变异系数在10%以下。③经中间试验，增产效果明显或品质、繁殖力和抗病力等方面有一项或多项突出性状。④提供由具有法定资质的畜禽质量检测报告。⑤健康水平符合有关规定。

2）数量条件　鹌鹑不少于20 000只。

3）应提供的外貌特征、体尺和性能指标

①外貌特征描述：羽色、体型、喙色、胫色、皮肤颜色等。

②体尺：体斜长、龙骨长、胫长、胫围、胸宽等反映本品种的体尺指标。

③性能指标：蛋用鹌鹑，初生重，0～4、5～35周龄成活率，平均耗料量；50%产蛋率的周龄和体重，35周龄产蛋数（入舍母鸡产蛋数或饲养日产蛋数），产蛋总重，平均蛋重，蛋壳颜色，蛋壳强度，产蛋期饲料转化率；种鹌鹑30周龄产蛋数，种蛋受精率和孵化率等。肉用鹌鹑，初生重，5周龄体重，成活率，饲料转化率，屠宰率，半净膛率，全净膛率；种鹌鹑50%产蛋率周龄，30周龄产蛋数，产蛋期成活率，种蛋受精率和孵化率。

（2）鹌鹑配套系审定条件

1）基本条件　除具备新品种审定的基本条件外，还要求具有固定的配套模式，该模式应由配合力测定结果筛选产生。

2）数量条件　①由3个以上的品系组成，最近4个世代每个品系至少40个家系，鹌鹑产蛋期测定母鹑不少于800只。②年中试数量，鹌鹑不少于50万只。

3）应提供的外貌特征、体尺和性能指标　与新品种审定条件相同。

（3）遗传资源鉴定条件　①血统来源相同，分布区域相对连续，与所在地自然及生态环境、文化及历史渊源有较为密切的联系。②未与其他品种杂交，外貌特征相对一致，主要经济性状遗传稳定。③具有一定的数量和群体结构。鹌鹑不少于5 000只。保种群体不少于60只公鹑和300只母鹑。

21 鹌鹑养殖场引种时需注意哪些问题?

引种是指将外地的优良品种（系）直接引到本地进行繁育，成功后在生产上充分利用并做继续提高的工作。目的是扩大良种的地理分布范围，有计划地利用优良品种（系）改良当地低产品种，实现鹌鹑良种化，并创造适应当地的新品种（系）。正确地引进适应当地的良种，短期内就能在生产上收到显著效果，是发展鹌鹑高效生产的一种简便、迅速有效的措施之一。在引种时需考虑以下问题。

（1）了解市场需求　我国地域辽阔，消费水平与风俗习惯不尽相同，为此，应通过市场调查，了解市场需求，避免盲目上马，否则会导致不被市场接受而造成生产和经营受阻，从而影响养殖场的经济效益。只有满足当地市场需求，产品才能销售顺畅，保证产品利润，形成良性循环，才能发家致富。

（2）了解各品种（品系、配套系）的适应性　适应性是引种前首先考虑的条件，须了解鹌鹑的生活习性和对环境、饲养管理条件的要求。只有适应当地的品种（系），其存活率才能高，生产性能才能发挥出来。

（3）了解生产性能水平　生产性能是引种的基本出发点，应了解种鹌鹑的性成熟期、开产时间、开产体重、蛋重、生产周期、产蛋量、受精率、孵化率、存活率和料蛋（肉）比等生产性能指标，并了解商品鹌鹑的生产性能指标。只有生产性能优良，才能生产出更多的蛋（肉），才能有更经济的料蛋（肉）比，为取得较好的经济效益打下坚实的基础。

（4）了解供种单位的资质与服务水平　鹌鹑的品种将直接影响到鹌鹑的品质、产量和经济效益。优良品种（系）是高生产性能的重要保证。目前，国内在供种时鱼目混珠现象时有发生，需注意防范，切忌到无合格证的土炕坊、散户、小型养殖场引种。国家对供种有明确的法律法规和质量管理体系，引种时须查供种单位三证，即企业法人营业执照（图 2-11）、动物防疫条件合格证（图 2-12）、种畜禽生产经营许可证（图 2-13）；同时，应了解考察供种单位的技术水平、科技服务能力等。供种单位的科技水平高，科技人员配备合理，既是对鹌鹑品质的保证，也是引种单位提供技术服务的保障。

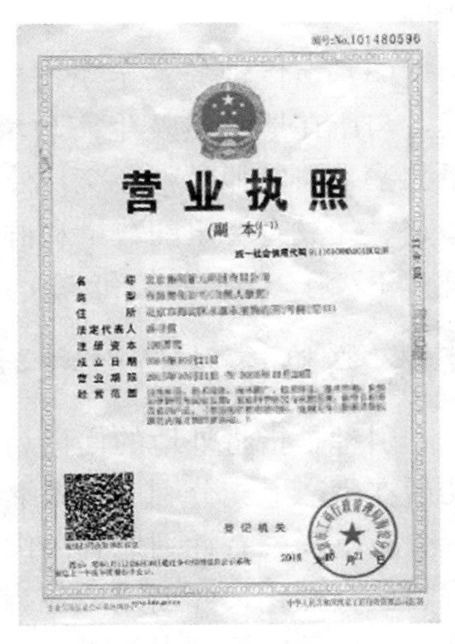
编号:No.101480596

营业执照

(副 本)

统一社会信用代码

名　　称

类　　型

住　　所

法定代表人

注册资本

成立日期

营业期限

经营范围

登记机关

图 2-11　企业法人营业执照

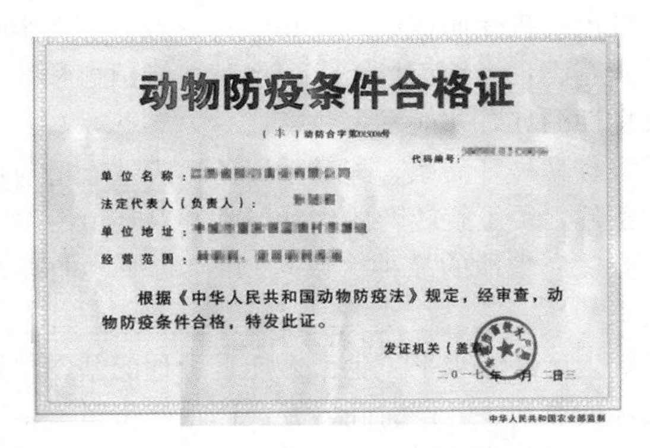
动物防疫条件合格证

代码编号：

单位名称：

法定代表人（负责人）：

单位地址：

经营范围：

根据《中华人民共和国动物防疫法》规定，经审查，动物防疫条件合格，特发此证。

发证机关（盖章）

中华人民共和国农业部监制

图 2-12　动物防疫条件合格证

种畜禽生产经营
许可证
（副本）
单位名称
法定代表人
单位地址
生产范围
经营范围
注意事项

图 2-13　种畜禽生产经营许可证

（5）引种时机的选择　根据种鹑或商品鹑的饲养时期、商品的上市时间与销售价格等因素，通盘考虑而确定引种时机。

（6）引种“对象”的考虑　主要根据自身技术水平、路程、价位、需求以及供种场的货源情况，决定引种对象是种蛋、嘌蛋、雏鹑苗、育成期仔鹑还是成年鹌鹑。一般近距离、开车 10 小时以内路途、火车或飞机 5 小时直达的地区，可以选择出雏后的鹌鹑苗。路途太远或中途需要周转太多时，雏鹑苗易受到损伤，建议引进种蛋或嘌蛋。自身孵化水平较好的养殖场可以直接引进种蛋，这样不仅节约人力和成本，而且更有利于雏鹑苗的品质，提高育雏期的成活率。当然某些养殖场因生产需要，也会引进育成期仔鹑或成年鹌鹑，为此需做好疫苗接种和寄生虫驱除工作，安排好运输工作，减轻对鹌鹑的应激。

（7）价位问题　价位常由于品种（系）、配套系、鉴别母雏、季节、数量、批次和供求关系等因素影响而异，多为随行就市。

（8）运输问题　根据路程和引种对象，做好运输的相关准备，跨省运输须提前办理《跨省引进乳用种用动物检疫审批表》，做好消毒卫生工作，活鹑还要做好保温、通风等工作。

（9）勿去疫区引种　引种前必须了解供种场及其地区有无烈性传染病流行（如禽流感、新城疫等），防止带来疫病，招致严重的经济损失。

（10）应有市场风险意识　引种者要融入产业化、现代化潮流，及时掌握市场、技术和经济信息，切忌投资盲目性、经营主观性、技术随意性，克服小农意识与大生产的矛盾，以获得综合性效益。

（11）引种者自身条件　包括可行性估测、论证、养殖定位、规模、经营水平、技术水平、资金、销路等。

三、鹌鹑养殖场建设

22 如何申办一个鹌鹑养殖场？

（1）市场调研

①市场调查：市场调查是用科学的方法，对拟养殖周边一定范围内的鹌鹑养殖数量、市场环境、自然地理环境、社会环境、市场供给、市场需求、市场价格、饲料资源和养殖政策等信息进行有目的、有计划、有步骤的搜寻、记录、整理与分析，为经营管理部门或养殖场主制定政策及进行科学的经营决策提供依据。调查方法有询问调查法、资料分析法、典型调查法。

②经营方向：鹌鹑养殖场的经营方向决策除依据于正确的市场调查与市场预测外，还受到许多因素的制约，如主管人员或养殖场主的管理水平、技术人员的技术水平、资金状况、地理位置及产品销售渠道等。

（2）申办程序　包括核心人员选择、鹌鹑养殖场定位、场址选择、可行性报告撰写、专家论证、养鹑场建设、申领证照、引种经营等。

23 投资建设一个鹌鹑养殖场需要哪些成本？

养鹑场建设有三大任务：选址、布局和建筑。一旦确定建设鹌鹑养殖场就需要进行项目经费概算、预算和估算，哪里要花钱，花多少钱，以便资金准备充足，项目建设顺利开展，推动鹌鹑养殖场早日建成、运营。

（1）养殖鹌鹑的成本分析　生产成本是衡量生产活动最重要的经济尺度，养鹑场的生产成本反映生产设备的利用程度、劳动组织的合理性、饲养技术的科学性、生产性能潜力的发挥程度，并可反映养鹑场的经营管理水平。养鹑场的总成本主要包括以下几个部分。

1）固定成本　养鹑场的固定成本，包括鹌鹑舍及饲养设备、饲料仓库、运输工具及生活设施等。固定资产的特点是使用年限长，以完整的实物形态参加多次生产过程，并可以保持其固有的物质形态，只是随着它们本身的损耗，其价值逐渐转移到鹌鹑产品中，以折旧方式支付。这部分费用和土地租金、基建货款、管理费等组成养鹑场的固定成本。

2）可变成本　用于原材料、消耗材料和职工工资等的支出，随产量的变动而变动，因此，也称之为可变资本。其特点是参加一次生产过程就被消耗掉，如饲料、兽药、燃料、垫料、种鹌鹑等成本。

3）常见的成本项目

①引种成本：指购买种鹌鹑所花费的费用。

②饲料费：指饲养过程中消耗的饲料费用，包括原料、运杂费、加工费。这是养鹑场成本核算最主要的一项成本费用，可占总成本的65%～70%。

③工资福利费：指直接从事鹌鹑养殖生产的饲养员、管理人员的工资、奖金和福利费等费用。

④固定资产折旧费：指鹌鹑舍等固定资产基本折旧费。建筑物使用年限较长，一般按15年计算折清；养殖机械设备使用年限较短，7～10年折清。固定资产折旧分为两种，为固定资产的更新而增加的折旧，称为基本折旧；为大修理而提取的折旧费称为大修理折旧。计算方法如下：

每年基本折旧费＝(固定资产原值－残值＋清理费用)/使用年限

每年大修理折旧费＝(使用年限内大修理次数×每次大修理费用）/使用年限

⑤燃料及动力费：指用于鹌鹑养殖生产、饲养过程中所消耗的燃料费、动力费、水费和电费等。

⑥防疫及药品费：指用于鹌鹑预防、治疗等直接消耗的疫苗费、消毒剂等药品费。

⑦管理费：指场长、技术人员的工资及其他管理费用。

⑧固定资产维修费：指固定资产的一切修理费。

⑨其他费用：不能直接列入上述各项费用的列入其他费用内。

（2）鹌鹑养殖的利润分析　经济核算的最终目的是盈利核算，盈利核算就是从产品价值中扣除成本以后的剩余部分。盈利是养鹑场经营情况的一项重要经济指标，只有获得利润才能生存和发展。盈利核算可从利润额和利润率两个方面衡量。

1）利润额　指养鹑场利润的绝对数量，其计算公式为：

利润额＝销售额－生产成本－销售费用－税金

利润额因各个养鹑场规模不同而不同，所以不能只看利润额的高低，而要对利润率进行比较，从而评价养鹑场的经济效益。

2）利润率　是将利润与成本、产值、资金对比，从不同的角度相对说明利润的高低。

资金利润率＝（年利润总额/年平均占用资金总额）×100％

产值利润率＝（年利润总额/年产值总额）×100％

成本利润率＝（年利润总额/年成本总额）×100％

养鹑农户仅是自行管理和饲养，一般不计生产人员的工资、资金和折旧，除本即利，即当年总收入减去直接费用后剩下的便是利润，算起来可能利润会高些，实际上这是不完全的成本、盈利核算。

真正养好鹌鹑，并取得理想的经济效益，其关键就是看养殖者是否掌握了必需的饲养技能，如品种良种化、生产标准化、管理精细化、设备自动化等。鹌鹑养殖企业只有实施“科技兴企”的战略，培养和训练一支素质全面、技术过硬、服务到位的团队，才能生产出高品质的鹌鹑产品，才能在市场竞争中永远立于不败之地。

24 养鹑场怎么选址？

养鹑场的选址应遵循健康、绿色、生态、环保、可持续发展和便于防疫的原则，综合上讲就是从地势、地质、交通、电力、水源及周围环境的配置关系多方面考虑。

（1）环境　俗语说得好："环境好，赛金宝"，环境是鹌鹑安全、健康养殖的重要保证，是卫生防疫措施中的重要环节。

①环境内涵：影响鹌鹑的环境包括养鹑场所处位置的大环境、养鹑场内的小环境和鹑舍内微环境三个方面。简单地说，选址就是选环境。养鹑场的大环境既有自然因素，包括地势、土壤、水源、气候、雨量、风向和作物生长等；也有社会因素，包括交通、疫情、建筑条件和社会风俗习性等。养鹑场内的小环境主要包括鹌鹑舍、道路、器具、车辆、设施等。鹑舍内的微环境主要包括鹑舍内光照、噪声、温湿度及空气中尘埃粒子等。具体可参照《畜禽场环境质量标准》（NT/Y 388—1999）。

②远离交通干线和居民点：鹌鹑生性好动、神经质，属于神经敏感型，对突然的声音、影像、光线、动作等变化易受惊扰而引起骚动，鹌鹑又善于鸣叫，叫声响亮，所以在场地选择、环境规划时应远离交通干线和居民点，养鹑场距离公路、铁路等主要交通干线在 500 米以上，距离居民区、学校和农贸市场也应保持 500 米以上（图 3-1）。这样既可减少外界对鹌鹑的影响，也可降低鹌鹑对居民生活的影响。

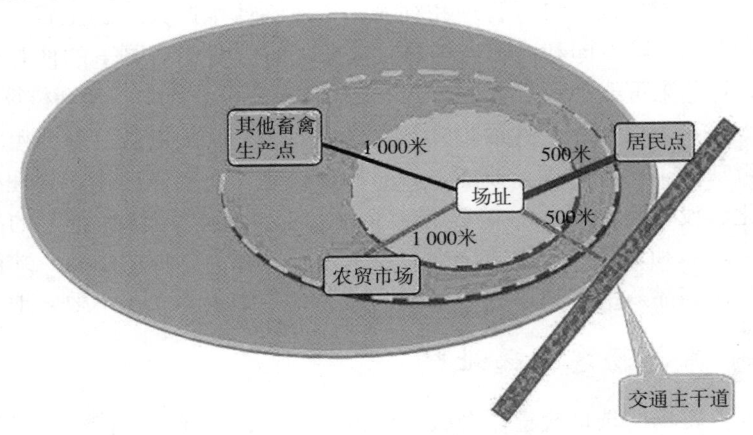

图 3-1　养鹑场距离交通干线、居民区 500 米以上

③远离养殖场和化工厂：许多鹌鹑的疾病可由鸡、鸟等其他禽类传播而来，所以选址时应远离其他养禽场、大型湖泊和候鸟迁徙路线，距离养殖场、种禽场、屠宰场和化工厂 1 000 米以上，距离病鹑隔离场所、无害化处理场所 3 000 米以上。

有效控制养鹑场的环境对鹌鹑养殖非常重要，只有让鹌鹑生活在舒适、空气清新、无工农业“三废”污染、远离传染病的良好环境中，才能充分发挥其生长性能，减少疫病发生的概率，降低疾病造成的经济损失，才能取得良好的经济效益，提高鹌鹑产品的质量，保障公共卫生的安全。

（2）地势干燥　潮湿是鹌鹑的大忌，鹑舍要长年保持干燥，保证空气新鲜和阳光充足，所以必须选择较高地势、硬质坡地、排水良好和向阳背风的地方建设养鹑场，地形平坦、平缓，地面干燥，要求地下水位在地面以下 1.5～2 米，切忌将养鹑场选建在低洼处和易被洪水冲刷的地方（图 3-2）。

图 3-2　鹑舍选建在地势干燥、阳光充足的地方

（3）符合畜牧法规定用地　《中华人民共和国畜牧法》第 40 条规定，禁止在下列区域内建设畜禽养殖场、养殖小区：①生活饮用水的水源保护区，风景名胜区，以及自然保护区的核心区和缓冲区；②城镇居民区、文化教育科学研究区等人口集中区域（文教科研区、医疗区、商业区、工业区、游览区等人口集中区）；③法律、法规规定的其他禁养区域。新建、改建、扩建的畜禽养殖选址应避开规定的禁建区域，在禁建区域附近建设的，应设在规定的禁建区

域常年主导风向的下风向或侧风向处，场界域与禁建区域界的最小距离不得小于500米。

（4）水电　要求有稳定的水和电力供应，水质良好，未受到病原微生物和“三废”的污染。

25 养鹑场如何合理布局？

（1）有利于生产　养鹑场的总体布局可参照《畜禽场场区设计技术规范》（NT/Y 682—2003），首先要满足生产工艺流程的要求，按照生产过程的顺序和连续性来规划和布局建筑物，以便于管理，有利于达到生产目的。

①分区明确：养鹑场通常可分成生产区、管理区和隔离区3个功能区（图3-3）。生产区应包括种鹑舍、商品鹑舍、孵化室、育雏室和饲料配制室等，是卫生防疫控制最严格的区域，布置于全场核心区域。管理区包括药品室、兽医室、解剖室、职工房和办公室等，是全场人员往来与物资交流最频繁的区域，一般布置在全场的

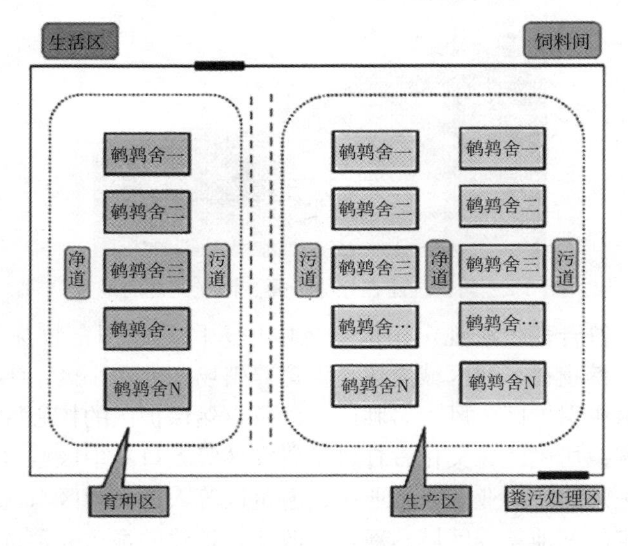

图3-3　养鹑场分区明确

上风处。病鹑隔离区位于养鹑场的下风处。生产区要与管理区、病鹌鹑隔离区严格隔开，各区之间应有围墙或绿化带隔离，并留有50米以上距离（图3-4），进出口不能直通，每个区门口前要有一个供进出人员消毒的消毒池。

图3-4　养鹑场各区之间采用绿化带隔离

②鹑舍排列顺序：根据生产工艺流程及防疫要求排列，由于多数鹑舍采用自然通风，而当地主导风向对鹑舍的通风效果有明显的影响，因此通常鹑舍的建筑应处于上风口位置，排列顺序依次为育雏舍、育成鹑舍，最后才是成年鹌鹑舍，以避免成年鹌鹑对雏鹑的可能感染。

③鹑舍朝向的选择：鹑舍朝向与鹑舍采光、保温、通风等环境效果有关，关系到对阳光、热和主导风向的利用。从主导风向考虑，结合冷风渗透情况，鹑舍的朝向应取与常年主导风向呈45°。从鹑舍通风效果考虑，鹑舍的朝向应取与常年主导风向呈30°～45°。从场区排污效果考虑，鹑舍的朝向应取与常年主导风向呈30°～60°。因此，鹑舍的朝向一般与主导风向呈30°～45°，东西向建设，坐北朝南，即可满足上述要求，这样有利于阳光照射，并可利用自然风力通风换气，使舍内光亮和冬暖夏凉。

④场区绿化：场区绿化是养鹑场建设的重要内容，不仅美化环境，更重要的是净化空气，降低噪声，调节小气候，改善生态环境（图3-5）。建设养鹑场时应有绿化规划，且必须与场区总平面布局

设计同时进行。在设施周围可种植绿化效果好、产生花粉少和不产生花絮的树种（例如柏树、松树、冬青树、杨树等），尽量减少黄土裸露的面积，降低粉尘。最好不种花，因为花在春、秋季节易产生花粉，其产生尘埃粒子很多，每立方米含 1 万～100 万个颗粒，平均含几十万个颗粒，很容易堵塞空气过滤器，影响通风效果。

图 3-5　场区绿化

（2）有利于防疫

①养鹑场的围护设施：养鹑场的围护设施主要是防止人员、物品、车辆和动物等偷入或误入场区。为了引起人们的注意，一般要在养鹑场大门树立明显标志，标明“养殖重地，非请勿入”（图 3-6）。场区设有值班室，设立专门供场内外运输或物品中转的场地，便于隔离和消毒。另外，根据防疫需要，建设防鸟网、防蚊虫纱窗、防鼠猫设施等（图 3-7）。

图 3-6　养殖重地，非请勿入

图 3-7　防鸟网

②养鹑场的淋浴更衣室：养鹑场需设有淋浴更衣室，包括污染更衣间、淋浴间和清洁更衣间（图 3-10）。要求进入鹑舍的人员在污染更衣间换下自己的衣服，在淋浴间洗澡后，进入清洁更衣间换上干净的工作服才能进入鹑舍。淋浴更衣措施可尽量减少将外源病原体带入生产区，以免造成鹌鹑群的感染。

③消毒池的设置：所有通道口包括养鹑场大门口、生产区门口、鹑舍门口均应设有消毒池，以便对进出车辆的车轮、人员鞋子进行消毒。大门口消毒池的大小至少为 3.5 米×2.5 米，深度为 0.3 米以上，其放置的消毒水应能对车轮的全周长进行消毒（图 3-8）；生产区的门口设有同样的大消毒池，以便对进出生产区的车辆进行消毒（图 3-9）。饲养员在进入鹑舍前必须对手进行消毒（图3-10），然后更换工作服和工作靴，并经行人消毒池消毒工作靴后才能进入鹑舍（图 3-11）。

图 3-8　一级消毒池（车辆进出养鹑场）

图 3-9　二级消毒池（车辆进出生产区）

图 3-10　手消毒盆

图 3-11　三级消毒池（人员进出养鹑场）

④鹑舍的建筑：鹑舍内应为水泥地面，以便冲洗粪便和消毒。墙壁以砖墙为好，砖墙保温性能好，坚固耐用，便于清扫消毒。

⑤鹑舍的间距：鹑舍的间距应满足防疫、排污和日照的要求。按排污要求，间距为 2 倍鹑舍檐高；按日照要求，间距为 1.5～2 倍鹑舍檐高；按防疫要求，间距为 3～5 倍鹑舍檐高。因此，鹑舍间距一般取 3～5 倍鹑舍檐高，即可满足上述要求。表 3-1 为鹑舍间距的参考值。

表 3-1　鹑舍防疫间距

种类	鹑舍间距
育成鹑舍	15～20 米
商品鹑舍	12～15 米
种鹑舍	20～25 米

⑥场内道路：从养鹑场防疫角度考虑，设计上需将清洁走道与污染走道分开，以避免交叉污染，只能单向运输。从这条运输系统上经过的人员、车辆、转运鹌鹑都应当遵循从育雏鹑舍至产蛋鹑舍、从清洁区至污染区、从生产区至生活区，这有助于防止污染源通过循环途径带到下一个生产环节（图 3-12、图 3-13）。

图 3-12　净　道

图 3-13　粪道（污染走道）

⑦无害化处理设施：为防止养鹑场废弃物对外界的污染，养鹑场要有无害化处理设施，如焚烧炉、化粪池、堆粪场等，其中堆肥法是一种值得推广的方法，它经济、环保、实用，对粪便往往采用此方法进行无害化处理。

26 鹑舍建筑有哪些类型？各有什么优缺点？

根据鹌鹑生物学特点和消毒卫生防疫要求，结合南北气候差异特点，鹑舍建筑大致可分为全开放式鹑舍、半开放式鹑舍和全封闭式鹑舍 3 种类型。

（1）全开放式鹑舍　我国是一个幅员辽阔的国家，南北气候差异大。如广东、广西两省，每年 1 月平均气温在 6～16℃，7 月气温在 25～29℃，冬季低于 10℃气温的时间不超过 30 天。在海南省，1、2 月的平均气温为 16～21℃。可见，这三个地区气温较高，冬季不会结冰，鹑舍大部分为开放式鹑舍，即传统型鹑舍（图 3-14）。开放式鹑舍只有简易顶棚，四壁无墙或有矮墙，冬季用尼龙薄膜围高保暖。其优点是鹑舍造价低，通风良好，空气好，节电等；缺点是占地多，鹌鹑生产性能受外界环境影响大，疾病传播率高等。

（2）半开放式鹑舍　北方气温低，冬季易结冰，鹑舍大部分为半开放式鹑舍（图 3-15）。半开放式鹑舍优点是有窗户，部分或全部靠自然通风、采光，舍温随季节变化而变化；缺点是饲养密度低，夏季高温时舍内要采用外力通风降温，鹌鹑生产性能受外界环境影响大。

图 3-14　全开放式鹑舍

图 3-15　半开放式鹑舍

（3）全封闭式鹑舍　又称现代化鹑舍（图 3-16），用砖、水泥构造墙壁和地面，可耐受高压水的冲洗；有良好的防鸟、防鼠和防虫网，可避免虫、鸟等侵袭；鹑舍全封闭，纵向排风和无动力排风，主动降尘降温；夏天采用湿帘主动降温、控湿；一般是用隔热性能好的新材料构造房顶，降低热传导，起到冬暖夏凉效果等。其优点是可减少外界气候对鹌鹑的影响，有利于采取先进的饲养管理技术和防疫措施。缺点是一次性投资大，耗电等。随着我国畜牧业转型升级的需要和严格的环境保护法律法规制约，全封闭鹑舍将是鹌鹑养殖的主要建筑类型。

图 3-16　全封闭鹑舍

27 鹌鹑舍笼具有哪些类型？

（1）育雏笼

①层叠式育雏笼：每个单笼的规格一般为 100 厘米×50 厘米×45 厘米，设一个活动门，可叠 4～5 层，每层下设一承粪板，承粪板层高为 5 厘米（一般承粪盘高 2 厘米），6 个单笼 1 组，最低层距地 20 厘米（图 3-17）。在鹑舍内的布局多为双列式或三列式，这种布局有利于最大限度地利用鹑舍空间。

笼网采用 2～3 毫米冷拉钢丝，钢丝镀锌层厚度以 0.02 毫米以上为佳。底网网眼 10 毫米×10 毫米的金属网或塑料网。笼架采用 U 形断面冲压杆件较为合适，全部镀锌，其防腐蚀及其寿命比油漆的长 1～2 倍，U 形钢材宽度为 2～3 厘米，能承重 100 千克以上；网格距视鹌鹑头的大小而定，以自由伸展为佳。

②高床网养：高床鹑舍要求结构良好，檐高 2.2 米以上，舍外设排水沟和积污池。网床离地高 0.5 米左右，竹木搭建床架、栅条，最下层铺垫塑料网，网眼 10 毫米×10 毫米（图 3-18）。为节省空间，往往制作多层网床，每层用栅栏分隔多个小区，各小区内要设置水

图 3-17　层叠式育雏笼

槽和食槽。床外侧架设网线栅栏，以免鹌鹑飞出去。大面积粪便一般采取育雏结束后一次清除的方法，生产上特别要注意加强通风以排出粪便堆积产生的有害气体。网上育雏具有笼育的优点，由于饲养密度小，鹌鹑活动空间大，成活率高，经济效益较好。

（2）育肥笼　一般为层叠式，每个单笼的规格为长 100 厘米×宽 50 厘米×高 30 厘米，可叠 5～6 层，每层下设一承粪板，承粪板层高为 5 厘米，6 个单笼 1 组，最低层距地 20 厘米，底网网眼金属网规格为 12 毫米×12 毫米（图 3-19）。

图 3-18　高床网养

图 3-19　育肥笼

（3）产蛋鹑笼（又称成年鹌鹑笼）　有垂直式和阶梯式两种，配置 4～6 层；材料现多用金属钢丝浸塑，这样可以延长笼具的使用寿命，且不会对鹌鹑造成损伤，也有利于实现鹑舍的机械化操作。每个单笼长 100 厘米×宽 50 厘米×高 22 厘米，网格距通常为 1～2 厘米；6～8 个单笼一组，每笼重叠 10 厘米，顶笼两边连合，笼最高层为 1.8 米，底笼离地 20 厘米，便于操作。集蛋笼伸出笼外10厘米，滚蛋倾斜度为5°，滚蛋口栅栏高3厘米（图3-20）。种鹑笼每层高24厘米，其余与产蛋鹑笼相同。

图3-20　成年鹌鹑笼

28 鹑舍喂料设备有哪些类型？

（1）传统喂料设备

①料槽：多采用U形槽，宽80～95毫米。一般情况下，蛋鹌鹑每只占料槽长度30毫米（指单边长度）；②料桶：一般为塑料桶。

（2）现代化喂料设备　为降低劳动强度，现代养殖业正在朝着机械化、智能化、自动化方向发展。目前已有规模化养鹑场采用自动化喂料机饲喂鹌鹑(图3-21、图3-22)，生产上以笼养链式喂料机为多（图3-23)，可根据需要安装成多层工作系统，主要由驱动电机、料箱、转角盘、链片和轨道组成。组装后，可以自主调节喂料量，也可以将消毒装置一并组装在一起，可实现喂料与带鹑消毒一体化。

图3-21　自动喂料机

图3-22　自动喂料机控制箱

图 3-23　链式喂料机带自动消毒装置

29 鹑舍饮水设备有哪些类型？

我国鹌鹑养殖业已发展了 50 多年，鹌鹑饮水方式也从原始的水槽发展至现在的自动饮水杯系统和乳头式饮水器。

（1）自动饮水杯　自动饮水杯系统主要由压力水源、高架自控水箱、重力自控水杯、连接胶管（直径小于 10 毫米）和控制水的开关 5 部分组成。重力自控水杯进水处有一个弹簧，根据水杯里水产生的自身重力和弹簧作用控制水的开关。水少时，饮水器轻，弹簧可顶开进水阀门，水流出；当水重达到一定量时，水流停止（图 3-24）。适用于大规模的饲养，能保持干净的水质，但水杯里的水极易受到污染。据试验测定，合格的自来水流入自动饮水杯里，常温下 2 小时后检测水中菌落总数就会超标，而且清洗也较烦琐。另外，在长期喂药和水垢相互作用下，水管易堵塞。高架水箱清洗也不方便，难以及时彻底清洁。

图 3-24　自动饮水杯

（2）乳头式饮水器　乳头式饮水器由阀芯和触杆构成（图3-25），直接连通水管，平时靠水压关闭阀门。当鹌鹑啄触杆时，触杆上推，水即流出。当饮水完毕，水压下压阀芯，触杆随之封住水路，水停止流出。它是利用地心引力和毛细管作用控制滴水，使顶针端都经常挂着一滴水。这种饮水器安装在鹌鹑的上方，让鹌鹑抬头喝水，安装时要随鹌鹑的大小变化高度，可安装在笼内，也可安装在笼外。乳头饮水方式清洁卫生，省时省力，节约用水，无须清洗，是规模化养殖业饮水设备的发展方向，在畜牧业规模化场广泛应用。缺点是每层鹌鹑笼都需设置减压水箱。每个乳头可供15只0～6周龄雏鹑饮用，可供8只7周龄以上鹌鹑饮用。

与阶梯笼养配套的自动饮水系统由过滤器、减压装置和PVC管道以及乳头饮水器组成，可实现鹌鹑饮水自动化，避免水源污染，提高劳动效率，降低鹌鹑生病的风险。

图3-25　乳头式饮水器

30 鹑舍通风设备有哪些类型？

我国鹑舍以开放式和半开放式为主，鹑舍又都不是太宽，在春季、初夏和秋季用自然通风都没有问题，在夏季尤其是炎热的7、8月可配合使用风扇、增开风机（图3-26）来降温，在32℃以上高温季节，必要时可增开鼓风机以加强通风（图3-27）。对高热地区，有条件的鹌鹑场可安装纵向通风加水帘设备（图3-28），以维持鹑舍内温度在26～30℃，使鹌鹑的生产水平能与春季、秋季相平。

除广东、广西、海南三地外，我国大多数地区冬天都比较冷，

图 3-26　风　机

而鹑舍也没有加温设备，为了保温，往往采取封闭门窗以保暖的方法，易造成空气流通不畅，同时鹌鹑又比较敏感，易逃窜、拍飞，在鹑舍内引起尘土飞扬，使鹑舍中颗粒物浓度上升，造成鹑舍内空气质量下降和内源性空气污染，从而诱发鹌鹑暴发呼吸道疾病。因此，在冬季鹌鹑养殖场需做好保温与通风的协调工作，既要注意维持合理的舍温，也要改善空气质量，以保证鹌鹑的健康和维持较好的生产性能。有条件、实力强的企业，可建设和使用全封闭式鹑舍，以取得更好的生产性能和经济效益。

图 3-27　鼓风机

图 3-28　湿　帘

31 鹑舍光照设备有哪些?

光照对鹌鹑的精神、食欲、消化、生长发育、性成熟、产蛋率等都会产生一定的影响。鹑舍的光照分为自然光照和人工光照。自然光照指的是阳光；人工光照指的是灯光照明，为鹌鹑提供一定时间和强度的光照。

自然光照节省电力，但有明显的季节性，如秋冬日照时间短，对鹌鹑产蛋有抑制性影响。另外，自然光照的强度不能控制，过强的光照易引起鹌鹑烦躁不安、产生啄癖等问题；人工光照时间和强度都可控制，但耗费电能。我国的鹑舍基本上以开放式和半开放方式为主，所以往往采取自然光照加人工补光的光照模式。

生产上多采用节能灯，安装灯泡的高度一般为 2.1～2.4 米，灯泡在鹑舍内分布的大致规定是：灯泡之间的距离必须是灯泡高度的 1.5 倍，即灯泡之间的距离在 3 米左右。鹑舍内如安装 2 排以上的灯泡时，各排灯泡须交叉排列。光照控制设备一般采用电子光照控制器（图 3-29），其功能主要有设定开启和关闭时间、设定光度调节等，种鹌鹑和产蛋鹌鹑的光照时间一般为 16～17 小时/天。

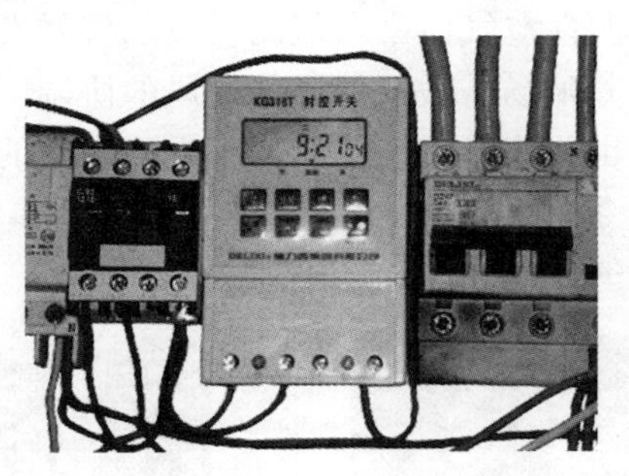

图 3-29　光控仪

32 鹑舍温控设备有哪些？

通常鹑舍温度低于 15℃时会影响鹌鹑产蛋；低于 10℃时，鹌鹑会停止产蛋；再低则将引起死亡。当温度低于 10℃时尤其是在冬季，应注意做好保暖工作，可适时增开取暖设施，使鹑舍内温度控制在 18～22℃，以利于保持鹌鹑较高的生产水平。常用的温控设备有热风炉、控温器、保温伞、煤炉、红外线灯、温湿度计（图 3-30 至图 3-33）等。热风炉具有自动控温、自动通风功能，当风口温度达到设定值时设备自动停止工作，使鹑舍内温度保持在设定的范围之内。

图 3-30　热风炉

图 3-31　自动控温器

图 3-32　保温伞

图 3-33　煤　炉

33 鹑舍清粪设备有哪些？

（1）传统的人工清粪板　清粪板（图 3-34）成本低，但清粪工作量大，费时费力，人力成本高，并且易污染空气和下层的鹌鹑。

（2）粪槽式自动刮粪机　粪槽式自动刮粪机（图 3-35）目前是规模化养殖场常用的设备，机械化程度高，可以及时清除掉粪便，减少鹑舍内氨气和臭味，改善鹑舍内空气质量。缺点是鹌鹑粪便比较干燥，尿酸高，易粘在粪槽内，刮不干净，有残留，仍然污染鹑舍内空气。

（3）履带式清粪机　履带式清粪机（图 3-36）是根据现代健

康养殖理念而设计产生的，操作方便，每天及时将鹌鹑排出的粪便清除出鹑舍，避免粪便在鹑舍内发酵产生氨气和臭气，同时新鲜的粪便还可以综合利用，变废为宝，增加养鹑场的收入，减少对环境的污染。履带式清粪机符合现代化畜牧业转型升级和国家环保法规的要求，是未来养鹑场设备更新的发展趋势；缺点是成本高，起初投入大。

图 3-34　清粪板

图 3-35　粪槽式自动刮粪机

图 3-36　履带式清粪机

34 养鹑场有哪些消毒设备设施和要求?

消毒设备设施和消毒制度是一个养殖场的生命线，是鹌鹑无抗健康养殖中重要的一环，不仅关系到鹌鹑的健康，而且有助于食品安全，有助于鹌鹑养殖取得良好的经济效益和社会效益。养鹑场一般应具有一级消毒池、二级消毒池、三级消毒池、四级消毒盆、更衣消毒室和消毒器具等。

35 养鹑场对水电等后勤保障有什么要求？

（1）水源稳定

①水质良好：要求水质良好，其水质标准可参照无公害食品中畜禽饮用水水质（NY 5027—2001），目前绝大多数养殖场可选择使用自来水。

②水量充足：万物生长离不开水，要求水供应充足，满足场内生产、管理用水需要，满足职工、鹌鹑的饮用，每只鹌鹑每天需要的水量大约是采食量的2倍。

（2）电力供应有保障　应靠近输电线路，尽量缩短新线铺设距离，安装方便，保证24小时供应电力，满足生活、办公、孵化、光照等电力需求。对重点部门（例如孵化室）需要配备“双电力”线路，必要时自备发电机以保证电力供应。养殖场要求有二级供电电源，如为三级供电电源，必须自备发电机。

（3）辅助设施到位

①贮存、净化水设施：养鹑场设水塔（图3-37），并用水净化剂进行消毒，定期取水样检查，符合畜禽无公害饮用水的水质标准。

图3-37　水　塔

②道路交通：道路交通要便利，从外面公路有专用车道直达养鹑场，道路宽敞、硬质化，满足运输要求。养鹑场内道路也尽量硬质化，并合理布局，净道与污道严格区分，不得交叉重叠。

③无害化处理设备设施：养鹑场养殖废弃物实施无害化处理和综合利用，既是国家环保法律法规的严格规定，也是畜牧业现代化

发展的迫切需要，更是乡村振兴计划中生态宜居的崇高要求。养鹑场通常对病死鹌鹑实行深埋或焚烧等方法无害化处理（图 3-38），建设鹌鹑粪便发酵池或发酵棚（图 3-39 至图 3-41），使鹌鹑粪便经堆集发酵而成为有机肥，变废为宝，走循环农业之路，实现鹌鹑养殖与自然环境和谐相处以及青山绿水就是金山银山的生态价值。

图 3-38　焚烧炉

图 3-39　发酵池

图 3-40　发酵棚（一）

图 3-41　发酵棚（二）

四、营养需要与饲料配制

36 鹌鹑高效生长繁育需要哪些营养物质？

鹌鹑体温高、体型小、活动量大、生长发育快、新陈代谢旺盛、生产性能高，因而比其他畜禽需要更多的营养物质，鹌鹑所需的营养物质主要包括水、蛋白质、脂肪、碳水化合物、矿物质和维生素。当前，鹌鹑基本上以笼养为主，为此应根据鹌鹑生长、生产性能特点，按照鹌鹑的营养需要，设计科学合理、营养成分全面的饲料配方，配制供应鹌鹑优质的饲料，使鹌鹑得以正常发育，并充分发挥其产蛋、产肉的遗传潜力。

（1）水　是鹌鹑生长和繁殖必不可少的物质，是构成鹌鹑身体和鹌鹑蛋的主要成分，雏鹑体内和鹑蛋的含水量约为70%，成年鹌鹑体内含水量约为60%，产蛋结束淘汰的鹌鹑含水量约为50%。水能促进食物的消化和营养物质吸收，输送各种养分，维持鹌鹑的血液循环，并能排除废物、调节体温、维持正常生长发育。缺水比缺饲料更严重，轻度缺水鹌鹑会表现食欲减退、消化不良、代谢紊乱，影响生长发育；严重缺水会引起中毒甚至死亡。气温对饮水影响较大，0～22℃时，鹌鹑饮水量变化不大；0℃以下时，鹌鹑饮水量减少；超过22℃时，鹌鹑饮水量增加；35℃时，鹌鹑的饮水量是22℃时的1.5倍。为此，每天必须保证供给鹌鹑充足、清洁、卫生的饮水，以保障鹌鹑健康和生产性能正常。

（2）蛋白质　是生命的重要物质基础，是鹌鹑各种组织器官和鹌鹑蛋的主要成分。鹌鹑的肌肉、皮肤、羽毛、体液、神经、内脏器官、激素、抗体等均含有大量蛋白质。鹌鹑在生长发育、新陈代谢、繁殖后代过程中需要大量蛋白质来满足细胞组织更新、修补的需要。蛋白质的作用不能由其他营养物质来代替。脂肪和碳水化合物都缺少蛋白质所含有的氮元素，因而在营养功能上不能代替蛋白质的作用。

饲料蛋白质的营养价值主要取决于氨基酸的组成。蛋白质是由20种以上的氨基酸构成，其中有相当一部分在鹌鹑体内可以合成，不一定需要从饲料中获取，这一类氨基酸称为非必需氨基酸；有一些氨基酸在鹌鹑体内无法合成，或合成量不能满足鹌鹑需要，必须从饲料中摄取，这一类氨基酸则称为必需氨基酸。必需氨基酸又可分为两类；一类是在饲料中含量较多，为鹌鹑所必需，能比较容易满足鹌鹑的营养需要，称为非限制性氨基酸；另一类在饲料中含量较少，无法满足鹌鹑的营养需要，称为限制性氨基酸。

如果日粮中的蛋白质适宜，鹌鹑生长、发育、产蛋（肉）、繁育等生命活动会正常进行，同时经济上也比较合算。若日粮中的蛋白质和氨基酸不足，鹌鹑会生长缓慢，食欲减退，羽毛生长不良，性成熟晚，产蛋少，蛋重减轻，雏鹑消瘦。蛋白质和氨基酸严重缺乏时，鹌鹑采食停止，体重下降，卵巢萎缩。所以，要维持鹌鹑的生命，保证雏鹑正常生长，蛋鹑、种鹑正常产蛋，就必须在饲料中为其提供足够的蛋白质和氨基酸。饲料中各种氨基酸的含量因饲料种类不同而有很大差异，几种饲料配合，氨基酸含量可取长补短，饲料营养价值明显提高。因此，在为鹌鹑配制日粮时，要选择多种饲料原料，按科学的饲料配方进行搭配，尽量保证日粮内氨基酸含量的平衡，提高蛋白质的利用效率。须注意的是，日粮中蛋白质含量过高，不仅可使饲料成本上升，造成饲料浪费，而且饲养效果不好，使鹌鹑排泄的尿酸盐增多，造成肾脏机能受损，严重时在肾脏、输尿管或身体其他部位沉积大量尿酸盐，造成痛风，甚至引起死亡。

“鹌鹑为能而食”，鹌鹑日粮的能量水平决定了鹌鹑的采食量。根据这一原则，若要满足鹌鹑对蛋白质的需要，首先应明确日粮的能量水平，准确掌握鹌鹑每日的采食量，然后计算确定日粮中每单位能量的蛋白质含量和各种必需氨基酸量，通过确定蛋白质与能量的合理比例，满足鹌鹑在规定的采食量内摄取到所需要的蛋白质。

在日粮中，将蛋白质与能量的比例称为蛋白能量比，蛋白能量比以每兆焦代谢能含有的蛋白质质量（克）表示。若日粮中能量含量较高，则蛋白质含量也应相应提高，反之则相应降低。鹌鹑适宜的蛋白能量比为16.7～20.3克/兆焦。

（3）脂肪　是组成鹌鹑机体组织细胞的另一重要组成成分，按其化学组成与习惯常分为可皂化脂类与非可皂化脂类，前者可细分为简单脂类（如甘油三酯、蜡质）与复合脂类（如磷脂、鞘脂、糖脂、脂蛋白等），后者又可细分为固醇类、类胡萝卜素与脂溶性维生素。

简单脂类为鹌鹑营养中最重要的脂类物质，甘油三酯主要存在于鹌鹑脂肪组织中，蜡质则存在于鹌鹑羽毛表面。复合脂类属于鹌鹑机体细胞的结构物质。非皂化脂类种类多，但含量少，常与鹌鹑的生长、繁殖等特定生理代谢功能相关。

脂肪在鹌鹑机体内发挥着不可或缺的作用，主要有以下几方面，如提供能量，维持鹌鹑机体正常的生理功能（细胞膜、线粒体膜等生物膜脂肪质结构主要成分），参与鹌鹑蛋的形成与营养物质的沉积，体表脂肪的隔热保温与减少体热散失，支持和保护体内脏器与关节等不受损伤等。

鹌鹑的脂质营养需要绝大部分由必需脂肪酸与脂溶性维生素（维生素A、维生素D、维生素E、维生素K）营养构成。凡是体内不能合成，必须由日粮提供，或能通过体内特定先体物形成，对机体正常机能和健康具有重要保护作用的脂肪酸为必需脂肪酸（EFA）。与其他畜禽一样，通常认为亚油酸、α-亚麻油酸和花生四烯酸为鹌鹑的EFA。

除上述之外，仍需注意的是，尽管脂肪的发热量为碳水化合物的2.25倍，是很好的能源，但从价格上考虑，脂肪不宜作为饲料中能量的主要来源。肉用仔鹑对能量的需要量较大，有时需要添加油脂以补充能量。

（4）碳水化合物　包括淀粉、糖类和纤维。其在饲料中含量最多，是主要的能量来源，在鹌鹑生命活动中占有十分重要的地位。鹌鹑需要的能量有70%～80%来自碳水化合物。经消化道吸收的碳水化合物（主要是葡萄糖）在体内氧化时能释放能量供鹌鹑使用。吸收葡萄糖较多时，一部分转化为肝糖，贮存在肝脏和肌肉中备用。大量多余的碳水化合物在体内转化为脂肪，积存在脂肪组织中，以便机体需要时提供能量。可见，日粮中碳水化合物过多，会使鹌鹑体内脂肪大量沉积而导致躯体过肥，影响其繁殖性能，同时也造成饲料资源浪费，不利于生产效益。碳水化合物中的粗纤维很难消化，在日粮中不应超过5%。如果纤维素含量过高，不仅适口性差，而且饲料中可利用的能量下降，从而不能保证鹌鹑的生长发育和生产的需要；不过，粗纤维能促进肠蠕动，帮助消化。若纤维素含量过低或缺乏，会导致肠蠕动不充分，引起消化不良。

（5）维生素　为鹌鹑健康、生长、发育、产蛋（肉）、繁殖所必需。维生素分为脂溶性维生素和水溶性维生素两大类，脂溶性维生素在鹌鹑体内有一定贮存，水溶性维生素一般很少贮存（除维生素 B_{12} 外），主要经尿排出，必须通过日粮供给。各种维生素的功能和缺乏症状见表4-1。

表4-1　维生素的功能和缺乏症状

种类	功能	缺乏症状	备注
维生素A	促进骨骼生长，保护呼吸道、消化道、泌尿生殖道上皮和皮肤健康，为眼内视紫质的组分	引起黏膜、皮肤上皮角化变质，生长停滞，干眼症，夜盲症，产蛋率、孵化率下降	植物中只有胡萝卜素，在动物体内可转化为维生素A
维生素 B_1（硫胺素）	是碳水化合物代谢所必需的物质，抑制胆碱酯酶的活性，保证胆碱能神经的正常传递	食欲减退，肌肉麻痹，全身抽搐，呈“观星”状，产蛋下降	谷类饲料中含有丰富的维生素 B_1，但应注意保管，避免霉变

（续）

种类	功能	缺乏症状	备注
维生素 B_2（核黄素）	是组成体内 12 种以上酶体系统的活性部分，在生物氧化过程中起着递氢的作用	使机体的整个新陈代谢作用降低，生长缓慢，两腿瘫痪，产蛋减少	容易缺乏
维生素 B_3（烟酸、尼克酸）	是体内营养代谢必需物质，与维持皮肤、消化器官和神经系统的功能有关	生长迟缓，羽毛不良，眼周炎，口炎、下痢、跗关节肿大	许多谷实中虽有烟酸，但不能被很好地利用
维生素 B_5（泛酸、遍多酸）	参与糖类、脂肪和蛋白质代谢	羽毛生长停滞和松乱；孵出的雏鹑体重不足和衰弱，易死亡	鹌鹑需要量较多，容易缺乏
维生素 B_6（吡哆素）	对蛋白质代谢有重要影响，与红细胞形成以及内分泌有关	食欲下降，生长不良，贫血，骨短粗病，双腿神经性颤动，产蛋少，孵化率低	
维生素 B_9（叶酸）	影响核酸的合成，促进蛋白质的合成和红细胞的形成	生长不良，贫血，羽毛色素缺乏	
维生素 B_{12}（钴氨素）	生物合成核酸和蛋白质的必需因素，促进红细胞的发育和成熟	生长缓慢，贫血，营养代谢紊乱	
胆碱	参与脂肪代谢	脂肪肝病或脂肪肝综合征	日粮蛋白质含量降低时易缺乏
维生素 C（抗坏血酸）	形成胶原纤维所必需，影响骨和软组织细胞间质的结构	败血症	体内能合成，高温、应激时应增加
维生素 D	参与机体的钙、磷代谢，促进钙、磷在肠道的吸收以及在骨骼中的沉积	佝偻病，骨软症，喙和趾变软，产蛋减少，蛋壳变薄，孵化率降低	皮肤在阳光或紫外线照射下能合成维生素 D
维生素 E（生育酚）	天然抗氧化剂（作用似硒），预防脑软化症	引起脑软化症、渗出性素质和肌肉萎缩症，孵化率下降	青饲料、种子胚芽中含量丰富，与硒有协同作用

（续）

种类	功能	缺乏症状	备注
生物素（维生素H）	参与脂肪、蛋白质和糖的代谢	生长迟缓，羽毛干燥、变脆，骨短粗，滑腱症，孵化率下降	
维生素K	是机体内合成凝固酶原所必需的物质，参与凝血过程	血凝时间延长，不易凝固，全身出血	体内能自行合成

（6）矿物质　主要作用是构成骨骼，是形成动物组织器官的重要成分，存在于体液和细胞液中，能保持动物体内的渗透性和酸碱平衡，保证各种生命活动的正常进行。

矿物质分为常量元素和微量元素，常量元素指在体内含量大于0.01%的元素，有钙、磷、钾、钠、氯、硫、镁。微量元素指在体内含量小于0.01%的元素，有铁、铜、锌、锰、钴、硒、氟、铬、钼、硅等。各种矿物质元素的主要作用和缺乏症状见表4-2。

表4-2　各种矿物质元素的主要作用及缺乏症状

元素	主要功能	缺乏症状	备注
钙	形成骨骼、蛋壳，与神经功能、肌肉活动、血液凝固有关	佝偻病，产薄壳蛋，产蛋量和孵化率下降	过多时影响锌和其他元素的利用
磷	形成骨骼，与能量、脂肪代谢和蛋白质的合成有关，为细胞膜的组分	佝偻病，异嗜，产蛋量降低	钙磷比例：生长鹑宜(1～2)：1，产蛋鹑宜(3～3.5)：1
钾	保证体内正常渗透压和酸碱平衡，与肌肉活动和碳水化合物代谢有关	生长停滞，消瘦，肌肉软弱	过多会干扰镁的吸收
钠	保证体内正常渗透压和酸碱平衡，与肌肉收缩、胆汁形成有关	生长停滞、减重，产蛋减少	过多且饮水不足时，易引起中毒

（续）

元素	主要功能	缺乏症状	备注
氯	保证体内正常渗透压和酸碱平衡，形成胃液中的盐酸	抑制生长，对噪声敏感	
镁	组成骨骼，降低组织兴奋性，与能量代谢有关	食欲下降，兴奋、过敏、痉挛	
硫	组成蛋氨酸、胱氨酸等，形成羽毛、体组织，组成维生素 B_1 和生物素等，与能量、碳水化合物和脂类代谢有关	生长停滞，羽毛发育不良	
铁	为血红素组分，保证体内氧的运送	贫血，营养不良	铁的正常代谢需要足够的铜；铁过多干扰磷的吸收
铜	为血红素形成所必需，与骨的发育、羽毛生长、色素沉着有关	贫血，骨质脆弱，羽毛褪色，跛足	过量时中毒
硒	具有高抗氧化作用，对细胞的脂质膜起保护作用	脑软化症、渗出性素质和肌营养不良（白肌病）	硒和维生素 E 之间具有互相补偿和协同作用
锌	骨和羽毛发育所必需，与蛋白质合成有关	食欲丧失，生长停滞，羽毛发育不良	锌过多会影响铜的代谢
锰	为骨的组分，与蛋白质、脂类代谢有关	生长不良，滑腱症，腿短而弯曲，关节肿大	

需要注意的是，尽管能量不属于上述营养物质中的任何一种，但鹌鹑的一切生理活动过程，包括运动、呼吸、循环、繁殖、吸收、排泄、神经活动、体温调节等都需要能量来推动实施，所以，需要对能量加以重视。

鹌鹑所需要的能量来源于饲料中的三大物质，即碳水化合物、脂肪和蛋白质。在鹌鹑机体内，能量转换和物质代谢密不可分。只有通过降解三大养分才能获得能量，并且只有利用这些能量才能实现物质合成。日粮中碳水化合物及脂肪是能量的主要来源，蛋白质多余时分解产生热能。蛋白质也可以用来生产热能，但由于蛋白质的价格昂贵，且从资源合理利用方面考虑，也不宜成为供给能量的营养物质。

饲料中的营养物质进入机体，经消化吸收后，大部分转变成各种形式的能量。这些能量除一部分以体热的形式散失和经粪便排出体外，其余用于维持生命活动和产蛋（肉）的需要。因而鹌鹑对能量的需要按其功效类型可分为维持需要和生产需要两部分。

维持能量需要包括基础代谢和非生产活动的能量需要。鹌鹑采食的饲料能量，大部分消耗在维持需要上，如果能设法降低维持需要的能量，就会有更多的能量用于生产。基础代谢能量的需要与鹌鹑的体重有密切关系，鹌鹑的体重越大，单位体量需要的维持热能就越大。非生产活动需要的能量与鹌鹑的饲养方式、品种特征有关，在饲养方式方面，因为笼养鹌鹑的活动量受到很大的限制，所以非生产活动的能量比放养鹌鹑少。环境温度与能量维持需要也有关系，鹌鹑在适温时所消耗的能量最低，在环境低温时，鹌鹑身体代谢就会加快，以产生足够的热能来维持正常的体温，因此，低温比适温时所需的维持能量需要多。

生产能量需要与鹌鹑的生产性能有密切的关系。生长期的鹌鹑，其体内沉积的脂肪越多，需要能量就越多。鹌鹑体内脂肪沉积随年龄增加而增加，因而单位体重所需要的能量也相应增加。产蛋多的鹌鹑，为满足生产需要的能量，所需要的能量较多，单位体重所消耗的饲料也会比产蛋少的鹌鹑多。

日粮能量浓度在一定范围内，鹌鹑在自由采食模式下，有通过调节采食量来满足能量需要的本能，即所谓的“鹌鹑为能而食”。采用不同能量水平的日粮，会使鹌鹑的采食量发生变化，从而使蛋白质和其他营养物质的摄取量也发生变化。因此，日粮中能量与其他营养物质的正常比例是确定鹌鹑营养需要时首先考虑的问题。在配制日粮时，首先要确定适宜的能量，然后在此基础上确定蛋白质及其他营养物质的需要，即要确定能量含量与其他营养物质的合理比例，如每兆焦能量中的蛋白质含量或各种必需氨基酸含量等。一般来说，若日粮能量水平较高时，则鹌鹑的采食量就少，日粮蛋白质和其他营养物质的含量就要相应提高；如日粮是低能量的，鹌鹑的采食量就多，日粮中的蛋白质及其他营养物质的含量就可适当减少。

鹌鹑的能量计算通常采用代谢能。代谢能是饲料中的可利用能量减去粪中和尿中的能量后所得到的能量，其计算单位为兆焦/千克。

37 鹌鹑养殖常用的饲料原料有哪些？

鹌鹑常用饲料按其性质常可分为能量饲料、蛋白质饲料、矿物质饲料、维生素饲料和其他添加剂类饲料等。

（1）能量饲料　以干物质计，粗蛋白质含量低于20％、粗纤维含量低于18％的一类饲料即能量饲料。主要包括谷实类、糠麸类、脱水块根、块茎及其加工副产品、动植物油脂以及乳清粉等。

①玉米：适口性好，能量高，是禽类代谢能的主要来源，在鹌鹑饲料中占35％～50％。黄玉米对蛋黄和皮肤着色非常重要。玉米需注意控制水分，注意仓储保管，避免发生霉变。饲用玉米国家标准质量指标见表4-3。

表4-3　饲用玉米国家标准质量指标

成　分	一　级	二　级	三　级
容重（g/L）	≥710	≥685	≥660
粗蛋白质（％）	≥10.0	≥9.0	≥8.0
粗纤维（％）	<1.5	<2.0	<2.5
粗灰分（％）	<2.3	<2.6	<3.0
水分（％）	≤14.0	≤14.0	≤14.0
霉粒（％）	≤2.0	≤2.0	≤2.0
杂质（％）	≤1.0	≤1.0	≤1.0

②小麦：比玉米蛋白质含量高，能量低，不含黄色素，含有抗营养因子木聚糖和β-葡聚糖，其在鹌鹑饲料中使用量控制在10%以下。饲用小麦国家标准质量指标见表4-4。

表4-4 饲用小麦国家标准质量指标

成分	一级	二级	三级
容重（g/L）	≥790	≥770	≥750
粗蛋白质（%）	≥11.0	≥10.0	≥9.0
粗纤维（%）	<5.0	<5.5	<6.0
粗灰分（%）	<3.0	<3.0	<3.0
水分（%）	≤12.5	≤12.5	≤12.5
杂质（%）	≤1.0	≤1.0	≤1.0

③碎米：养分含量变异较大，在稻谷主产区因碎米价格低廉，可部分取代玉米，但比例不能高（在日粮中可占10%～20%），因碎米缺乏维生素A、B族维生素、钙和黄色素，使用后会使鹌鹑皮肤、脚胫和蛋黄颜色变浅。饲用碎米国家标准质量指标见表4-5。

表4-5 饲用碎米国家标准质量指标

成分	一级	二级	三级
粗蛋白质（%）	≥7.0	≥6.0	≥5.0
粗纤维（%）	<1.0	<2.0	<3.0
粗灰分（%）	<1.5	<2.5	<3.5

④小麦麸：主要特征是高纤维、低容重和低代谢能，其氨基酸组成与整粒小麦相当，具有促进生长作用。简单的蒸汽制粒可使麦麸的能值改善达10%，磷的有效性提高达20%。建议在4周龄以上的鹌鹑日粮中可选配小麦麸，最高为10%。饲用小麦麸国家标准质量指标见表4-6。

表 4-6　饲用小麦麸国家标准质量指标

成　分	一　级	二　级	三　级
粗蛋白质（%）	≥15.0	≥13.0	≥11.0
粗纤维（%）	<9.0	<10.0	<11.0
粗灰分（%）	<6.0	<6.0	<6.0

⑤米糠：是生产稻米过程中的副产品，其重量的 30%是细米糠，70%是真正的糠。细米糠含大量脂肪和少量纤维，米糠则含有少量脂肪和大量纤维，米糠中含油量达 6%～10%，故容易氧化而酸败，不易贮存，可添加乙氧喹（250 毫克/千克）等氧化剂来稳化处理，也可通过热处理（130℃制粒）来稳化处理。

饲喂生米糠用量大于 40%时，常导致生长受抑制和饲料利用效率下降，这与米糠中有胰蛋白酶抑制因子和植酸含量较高有关，4 周龄以内的上限为 10%，4～8 周龄的为 20%，成年鹌鹑为 25%。饲用米糠国家标准质量指标见表 4-7。

表 4-7　饲用米糠国家标准质量指标

成　分	一　级	二　级	三　级
粗蛋白质（%）	≥13.0	≥12.0	≥11.0
粗纤维（%）	<6.0	<7.0	<8.0
粗灰分（%）	<8.0	<9.0	<10.0

⑥油脂：总能和有效能比一般的饲料高，多数油脂以液体状态进行处理，含有相当数量的不饱和脂肪酸。所有的油脂都必须用抗氧化剂处理，最好在加工点就加入抗氧化剂，以防酸败。蛋用鹌鹑饲料中一般很少添加，仅在肉用鹌鹑饲料中有少量添加。

（2）蛋白质饲料　蛋白质饲料是指干物质中粗蛋白质含量在 20%以上、粗纤维含量 18%以下的饲料。蛋白质饲料可分为植物性蛋白质饲料、动物性蛋白质饲料和微生物蛋白质饲料等。

1）植物性蛋白质饲料　包括豆类籽实、饼粕类和其他植物性蛋白质饲料。它们不仅富含蛋白质，而且各种必需氨基酸均较谷类多，其蛋白质品质优良，是配合饲料的主要原料。

①大豆饼（粕）：是以大豆为原料取油后的副产品，浸出法取油后的产品称为大豆粕，压榨法取油后的产品称为大豆饼。在鹌鹑日粮中，大豆饼（粕）的用量上限为30%，饲用大豆饼（粕）的质量标准见表4-8和表4-9。

表4-8 饲用大豆饼质量标准

成 分	一 级	二 级	三 级
粗蛋白质（%）	≥41.0	≥39.0	≥37.0
粗脂肪（%）	<8.0	<8.0	<8.0
粗纤维（%）	<5.0	<6.0	<7.0
粗灰分（%）	<6.0	<7.0	<8.0

表4-9 饲用大豆粕质量标准

成 分	一 级	二 级	三 级
粗蛋白质（%）	≥44.0	≥42.0	≥40.0
粗纤维（%）	<5.0	<6.0	<7.0
粗灰分（%）	<6.0	<7.0	<8.0

②棉籽饼（粕）：含有游离棉酚、棉酚紫等有毒物质，棉酚的毒害作用是引起畜禽机体组织损害并降低繁育机能。在棉籽饼中加入硫酸亚铁，可有效地消除棉酚的毒害作用。棉籽饼（粕）经脱毒处理后，在鹌鹑日粮中用量上限为15%。饲用棉籽饼（粕）质量标准见表4-10。

表4-10 饲用棉籽饼（粕）质量标准

成 分	一 级	二 级	三 级
粗蛋白质（%）	≥42.0	≥40.0	≥39.0
粗纤维（%）	<12.0	<13.0	<14.0

（续）

成　分	一　级	二　级	三　级
粗灰分（%）	<6.0	<7.0	<8.0

③菜籽饼（粕）：适口性差，含有芥子碱等抗营养因子，可引起甲状腺肿大，生产性能下降。使用前需经脱毒处理，其限制用量为3%～7%。饲用菜籽饼（粕）质量标准见表4-11。

表4-11　饲用菜籽饼（粕）质量标准

成　分	一　级	二　级	三　级
粗蛋白质（%）	≥37.0	≥34.0	≥30.0
粗脂肪（%）	<10.0	<10.0	<10.0
粗纤维（%）	<14.0	<14.0	<14.0
粗灰分（%）	<12.0	<12.0	<12.0

④花生饼（粕）：有效能值在饼粕类饲料中最高，但易受黄曲霉菌毒素污染，饲用花生饼（粕）质量标准见表4-12。

表4-12　饲用花生饼（粕）质量标准

成　分	一　级	二　级	三　级
粗蛋白质（%）	≥51.0	≥42.0	≥37.0
粗纤维（%）	<7.0	<9.0	<11.0
粗灰分（%）	<6.0	<7.0	<8.0

⑤植物蛋白粉：植物蛋白粉包括玉米蛋白粉、粉浆蛋白粉等。其主要养分含量见表4-13。

表4-13　几种植物蛋白粉养分含量

饲料名称	干物质（%）	代谢能（兆焦/千克）	粗蛋白质（%）	钙（%）	磷（%）
玉米蛋白粉（优）	90.1	16.23	63.5	0.07	0.44

（续）

饲料名称	干物质（%）	代谢能（兆焦/千克）	粗蛋白质（%）	钙（%）	磷（%）
玉米蛋白粉（中）	91.2	14.36	51.3	0.06	0.42
粉浆蛋白粉	88.0	—	66.3	—	0.59

⑥浓缩叶蛋白：是从新鲜植物叶汁中提取的一种优质蛋白质补充饲料。市售的浓缩苜蓿叶蛋白，其粗蛋白质含量为38%～61%，蛋白质消化率比苜蓿草粉高得多，使用效果仅次于鱼粉，并优于大豆饼，但含有皂苷，需控制其使用量。

2）动物性蛋白质饲料　鹌鹑常用的动物性蛋白质饲料包括鱼粉、虾粉、肉骨粉、肉粉、蟹粉、血粉等。添加时常和其他饲料配合成日粮，制成颗粒饲料使用。

①鱼粉：鱼粉蛋白质含量高，含蛋氨酸、赖氨酸及未知促生长因子等有特别价值的优质成分，可以有效提高产蛋率、受精率。因进口鱼粉价格昂贵，并容易造成鹌鹑肉产生腥味，故商品鹑和肉鹌鹑宜少用。在日粮中限制量，0～4周龄的上限为8%，4～8周龄的为10%，8周龄以上的为10%。农业农村部颁布的鱼粉质量标准见表4-14。

表4-14　鱼粉质量标准（%）

来源		粗蛋白质	粗脂肪	水分	盐	沙	色泽	备注
国产	一级	≥55	<10	<12	<4	<4	黄棕色	要求颗粒的98%通过2.8毫米筛孔
	二级	≥50	<12	<12	<4	<4	黄棕色	
	三级	≥45	<14	<12	<4	<5	黄棕色	
进口	智利鱼粉	67	12	10	3	2	—	要求具有鱼粉的正常气味，无异臭及焦灼味
	秘鲁鱼粉	65	10	10	6	2	—	
	秘鲁鱼粉（加氧化剂）	65	13	10	6	2	—	

②肉骨粉：大多是加工牛肉和猪肉的副产品，是良好的蛋白质及钙、磷来源，含维生素 B_{12}。肉粉、肉骨粉因原料不同，品质变

异很大；另外，需谨防沙门氏菌等病原污染。鹌鹑日粮中肉骨粉的限饲量为6%。肉骨粉一般营养成分见表4-15。

表4-15　肉骨粉一般营养成分（%）

成　分	典型含量	变化幅度
粗蛋白质	50	48～53
脂　肪	10	8～12
灰　分	30	22～35
水　分	5	3～8
钙	10	8～12
磷	5	3～6
有效磷	5	3～6
钠	0.5	0.4～0.6

③水解羽毛粉：饲用羽毛粉是家禽羽毛经过蒸煮、酶水解、粉碎或膨化成粉状，其蛋白质含量达77%以上，是一种动物性蛋白质补充饲料。鹌鹑日粮中0～4周龄的上限为2%，4～8周龄的为3%，8周龄以上的为3%。

④血粉：是以畜禽血液为原料，经脱水加工（喷雾干燥、蒸煮或发酵）而制成的粉状动物性蛋白质补充饲料，其粗蛋白质含量一般在80%以上。因总的氨基酸组成非常不平衡，日粮中血粉用量不宜超过4%。

⑤蚕蛹粉：是蚕丝工业副产品，粗蛋白质含量在60%以上，必需氨基酸组成可与鱼粉相当；缺点是具有异味，过量饲喂会影响蛋、肉品质，一般在鹌鹑日粮中宜控制在2%～2.5%。

3）微生物蛋白质饲料　是单细胞或具有简单构造的多细胞生物的菌体蛋白质统称。常见的为饲用酵母，即利用工业废水、废渣等为原料的单细胞蛋白质饲料，其原料接种酵母菌，经干燥而成为蛋白质饲料。在生产中常在无鱼粉日粮中广泛应用酵母，鹌鹑日粮中的用量为2%～3%。饲用酵母主要养分见表4-16。

表 4-16　饲用酵母主要养分（%）

成　分	啤酒酵母	石油酵母	纸浆废液酵母
粗蛋白质	51.4	60.0	46.0
粗脂肪	0.6	9.0	2.3
粗纤维	2.0	1.5	4.6
水　分	9.3	4.5	6.0
粗灰分	8.4	6.0	5.7

（3）矿物质饲料　是补充动物矿物质需要的饲料，包括人工合成、天然单一和多种混合的矿物质饲料，以及配合有载体或赋形剂的痕量、微量、常量元素补充料。

鹌鹑常用的矿物质饲料包括石粉、贝壳粉、磷酸氢钙、磷酸钠、氯化钠、碳酸氢钠等。

①石粉：主要成分是碳酸钙，含钙量36%～38%，是鹌鹑补充钙质最简单的原料。在鹌鹑日粮中用量为0.5%～2%，蛋鹑和种鹑料中可达7%～7.5%。

②贝壳粉：由各种贝壳外壳（蚌壳、牡蛎壳、蛤蜊壳、螺蛳壳等）经加工粉碎而成的粉状或粒状产品，主要成分是碳酸钙，含钙量不低于33%，是鹌鹑补充钙质的重要来源。

③蛋壳粉：含钙量34%左右，是鹌鹑理想的钙源，利用率高。用于蛋鹑饲料时，所产蛋的蛋壳硬度优于石粉。但蛋壳粉来源多为大型雏鸡孵化车间或液蛋加工企业，蛋液残留腐败变质，病原滋生严重，应经高温处理后方能使用。

④磷酸氢钙：是当前工厂化生产饲料中的主要钙磷来源，添加量2%左右。注意原材料来源，控制氟的含量。

⑤骨粉：主要成分是钙和磷，比例为2∶1左右，并且还富含多种微量元素，符合动物的需要，在鹌鹑日粮中用量为1%～3%。

⑥氯化钠：俗称食盐，在鹌鹑饲料一般添加量为0.25%～0.5%，是鹌鹑饲料中必须添加的物质。

⑦沙砾：可增强鹌鹑肌胃对饲料的研磨力，提高饲料消化率。

0～30 日龄鹌鹑日粮中可添加 0.2%～0.5%细沙砾，30 日龄后可添加 1%。

（4）饲料添加剂　根据其功效，常分为营养性添加剂与非营养性添加剂。营养性添加剂如微量元素、维生素、氨基酸等，非营养性添加剂如中草药、酶制剂、微生态制剂与饲料保存剂类。

①微量元素添加剂：常用微量元素添加剂有无机、有机、螯合、纳米 4 种形式，无机的应用范围最广泛，常见的有一水硫酸锌、七水硫酸亚铁、五水硫酸铜、一水硫酸锰、七水硫酸钴、碘化钠、亚硒酸钠等。

在鹌鹑生产上通常使用复合微量元素，几乎不使用单体微量元素，这样用量容易掌握，购买使用方便。

②维生素添加剂：大多数维生素具有不稳定、易氧化或被其他物质破坏失效等特点，因此几乎所有的维生素添加剂在生产时都需经过特殊加工处理和包装。为了满足不同使用要求，在剂型上有粉剂、油剂、水溶性制剂等。通常需要添加的有维生素 A、维生素 D_3、维生素 E、维生素 K、维生素 B_1、维生素 B_2、烟酸、泛酸、氯化胆碱及维生素 B_{12}，其中氯化胆碱、维生素 A 及烟酸所占的比例最大。不同品种鹌鹑对维生素需求量会有所不同。

在鹌鹑生产上通常使用复合维生素，几乎不用单体维生素，最好选用鹌鹑专用的维生素。若购买不到，可选用鸡用的多种维生素替代。

③氨基酸添加剂：主要有赖氨酸、蛋氨酸和色氨酸添加剂，又称蛋白质强化剂。通常动物性饲料含蛋氨酸和赖氨酸较多；植物性饲料中，只有豆类和饼粕类饲料含较多的赖氨酸，能量饲料含蛋氨酸和赖氨酸较少。为保证饲料中氨基酸的平衡和满足鹌鹑的营养需要，往往需要在饲料中添加氨基酸，一般有赖氨酸、蛋氨酸、色氨酸、苏氨酸等。以玉米、豆粕为主的日粮需要添加蛋氨酸0.05%～0.20%、赖氨酸 0.05%～0.30%、色氨酸 0.02%～0.06%。

④中草药植物添加剂：主要作用是保健防病，降低鹌鹑养殖中的应激反应。例如穿心莲粉有抗菌、清热和解毒的功能，龙胆草粉

有消除炎症、抗菌防病和增进食欲的作用，甘草粉能润肺止渴、刺激胃液分泌、助消化和增强机体活力。

⑤酶制剂：酶是一类具有生物催化性的蛋白质。饲用酶制剂一般采用微生物发酵技术或从动植物体内提取，主要分成两类：①外源性消化酶，包括蛋白酶、脂肪酶和淀粉酶等；②外源性降解酶，包括纤维素酶、半纤维素酶、β-葡聚糖酶、木聚糖酶和植物酶等。其主要功能是降解动物难以消化或完全不能消化的物质或抗营养物质，从而提高饲料营养物质的利用率。饲用酶制剂无毒害、无残留、可降解，保护生态环境。

⑥微生态制剂：也称活菌制剂、生菌剂，是由一种或多种有益于动物肠道微生态平衡的微生物（如嗜酸乳杆菌、嗜热乳杆菌、双歧杆菌、粪链球菌、枯草芽孢杆菌、酵母菌等）制成的活菌制剂。作用是在数量或种类上补充肠道缺乏的正常微生物，调节动物胃肠菌趋于正常，抑制或排除致病菌和有害菌，维持胃肠道正常生理功能，达到预防、治疗作用，提高生产性能。使用微生态制剂是防治大肠杆菌病等肠道疾病较有效的方法。需要提示的是其预防效果好于治疗效果，在生产中应长时间连续饲喂，并且越早越好；注意其与抗生素连用时的颉颃作用，如蜡样芽孢杆菌对磺胺类药物敏感，不应同时使用；另外，微生态制剂不耐高温、高压，运输和使用时需加以注意。

⑦饲料保存剂：包括抗氧化剂（乙氧基喹啉、二丁基羟基甲苯、丁基羟基茴香醚等）、防霉剂（丙酸盐及丙酸、山梨酸及山梨酸钾、甲酸、富马酸及富马酸二甲酯等）和着色剂（类胡萝卜素、叶黄素类、胭脂红、柠檬黄、苋菜红等）等。

38 对饲料原料质量控制有哪些措施？

常见质量控制方法主要有感官检测与实验室检测两大类，各鹌鹑养殖场或企业可根据自身实际来把控或操作实施。

（1）感官检测　以五官来观察原料的颜色、形状、均匀度、气味、质感等。

①视觉：观察饲料的形状、色泽，有无霉变、虫蛀、结块、异

物掺杂等现象。

②味觉：通过舌舔和牙咬来检查味道，但注意不要误尝对人体有毒、有害物质。

③嗅觉：通过嗅觉来鉴别具有特征气味的饲料，核查有无霉味、腐臭、氨味、焦味等。

④触觉：取样于手中用手指捻，通过感触来觉察其硬度、滑腻感，有无杂质及水分等。

⑤筛分：使用 8、12、20、40 目*的筛网来检查有无异物。

⑥放大镜：使用放大镜或显微镜来鉴别，内容同视觉观察内容。

（2）实验室检测　见表 4-17。

表 4-17　各种原料重要控制项目

品种	水分	粗蛋白质	粗脂肪	粗纤维	粗灰分	钙	磷	其他项目
玉米	☆	☆	☆					杂质、容重、霉变、毒素
小麦	☆	☆						杂质、容重、霉变
高粱	☆	☆						杂质、容重、霉变
豌豆	☆	☆			☆			杂质、容重、霉变
蚕豆	☆	☆			☆			杂质、容重、霉变
豆粕	☆	☆			☆			KOH 溶解度、脲酶活性

* 筛网有多种形式、多种材料和多种形状的网眼。网目是正方形网眼筛网规格的度量，一般是每 2.54 厘米中有多少个网眼，名称有目（英）、号（美）等，且各国标准也不一，为非法定计量单位。孔径大小与网材有关，不同材料筛网，相同目数网眼孔径大小有差别。——编者注

（续）

品种	水分	粗蛋白质	粗脂肪	粗纤维	粗灰分	钙	磷	其他项目
棉粕	☆	☆		☆	☆			毒素、KOH 溶解度
菜粕	☆	☆		☆	☆			毒素、KOH 溶解度
花生粕	☆	☆			☆			毒素
胚芽粕	☆	☆		☆	☆			毒素
棕榈粕	☆	☆		☆	☆			
椰子粕	☆	☆		☆	☆			
米糠粕	☆	☆		☆	☆			
柠檬酸渣	☆	☆	☆	☆	☆			
蛋白粉	☆	☆	☆	☆	☆			色素含量、氨基酸组成
鱼粉	☆	☆	☆		☆	☆	☆	新鲜度、氨基酸组成、卫生指标
肉粉	☆	☆	☆		☆	☆	☆	新鲜度、氨基酸组成、卫生指标
肉骨粉	☆	☆	☆		☆	☆	☆	新鲜度、氨基酸组成、卫生指标
血粉	☆	☆			☆			新鲜度、氨基酸组成、卫生指标
羽毛粉	☆	☆			☆			
虾壳粉	☆	☆		☆	☆	☆	☆	
石粉						☆		卫生指标
磷酸氢钙						☆	☆	卫生指标
磷酸二氢钙						☆	☆	卫生指标
沸石粉	☆							吸氨值、卫生指标
膨润土	☆							胶质价、膨胀倍数、卫生指标

（续）

品种	水分	粗蛋白质	粗脂肪	粗纤维	粗灰分	钙	磷	其他项目
凹凸棒土	☆							
豆油								脂肪酸组成
猪油	☆							酸价、丙二醛
磷脂油								酸价、含量
维生素								含量
微量元素								含量
氨基酸								含量
功能性添加剂								含量

注：☆表示需要检测的项目，具体数值由各公司灵活掌握。

39 什么是蛋白质浓缩饲料？

蛋白质浓缩饲料是所含蛋白质营养物质比例较高（30%以上）的一类浓缩饲料统称，通常由蛋白质饲料、常量矿物质饲料（钙、磷、食盐）和添加剂3部分原料构成，为全价饲料中除去能量饲料的剩余部分。使用过程中一般占全价配合饲料的20%～40%，加入一定量的能量饲料后组成全价料饲喂鹌鹑。

蛋白质浓缩饲料中各种原料的配比，随原料的价格、性质及使用对象而异。一般蛋白质饲料含量占70%～80%（其中动物性蛋白质15%～20%），矿物质饲料占15%～20%，添加剂预混料占5%～10%。

40 蛋白质浓缩饲料配制的原则是什么？

①满足或接近营养标准，即蛋白质浓缩饲料按设计比例加入能量饲料原料（如玉米、小麦、麸皮等）后，总的营养水平应达到或接近于鹌鹑的营养需要，或是主要指标达到营养标准的要求（如能量、粗蛋白质、第一和第二限制性氨基酸、钙、磷、维生素、微量元素及食盐等）。有时浓缩料中的某些成分需根据地区性原料进行

设计，以降低生产成本。

②依据鹌鹑的品种、生长阶段、生理特点和产出产品的要求，有针对性地设计不同的蛋白质浓缩饲料，不能一概而论。

③浓缩料的保护，除使用低水分的优质原料外，防霉剂、抗氧化剂的使用及良好包装必不可少，水分应低于12.5%。

④在全价料中所占比例以20%～40%为宜，而且为方便使用，最好使用整数，如20%、40%等，避免推荐诸如25.8%之类含有小数点的量，所占比例与应用的蛋白质饲料、矿物质及维生素等添加剂的量有关。因而，应本着既有利于保证质量，又充分利用当地资源，方便使用和经济实惠的原则进行比例确定。

⑤若出售，应注意使一些外观指标受用户的欢迎，如粒度、气味、颜色、包装等。

41 鹌鹑的营养需要标准是什么？

为使鹌鹑饲养有一个科学合理的规范准则，许多国家通过长期试验，探索鹌鹑对各种营养物质的需要，制定了鹌鹑的饲养标准，用以指导生产实践。我国参考国外鹌鹑营养标准，结合自身养殖实践经验，制定了鹌鹑营养需要标准，但由于品种、饲料、环境等多方面因素均能影响养分的吸收利用效率，因而饲养标准多适用于一般情况下的均值，在应用时应根据具体条件和实际情况，进行适当修正后方能使用。

鹌鹑的营养需要标准见表4-18至表4-24，仅供参考。

表4-18　蛋用鹌鹑的营养需要

成　分	育雏期 1～3周龄	生长期 4～6周龄	种用期 产蛋期
代谢能（兆焦/千克）	12.13	12.13	12.34
粗蛋白质（%）	24.00	17.00	21.00
钙（%）	1.30	1.10	3.10
有效磷（%）	0.60	0.50	0.45

（续）

成 分	育雏期 1～3周龄	生长期 4～6周龄	种用期 产蛋期
氯化钠（%）	0.30	0.30	0.30
蛋氨酸（%）	0.60	0.51	0.52
蛋氨酸＋胱氨酸（%）	1.10	0.80	0.82
赖氨酸（%）	1.30	0.90	0.85
苏氨酸（%）	1.10	0.85	0.78
色氨酸（%）	0.24	0.22	0.22

资料来源：引自沈慧乐等，《实用家禽营养》，2010。

表 4-19　建议鹌鹑营养物质需要量

氨基酸	育雏期	育肥或育成期		产蛋期或种用期
	0～3周龄	4～6周龄（肉用）	4～6周龄（蛋用）	7周龄及以上
能量(兆焦/千克)	12.60	12.90	11.50	12.20
粗蛋白质（%）	27.50	20.50	17.00	21.00
粗纤维（%）	3.00	5.00	5.00	5.00
钙（%）	2.70	1.00	2.50	2.80
磷（%）	0.80	0.80	0.80	0.70
氯化钠（%）	0.30	0.30	0.30	0.30
蛋氨酸（%）	0.60	0.43	0.37	0.44
胱氨酸（%）	0.40	0.29	0.25	0.30
赖氨酸（%）	1.39	1.00	0.86	1.05
色氨酸（%）	0.30	0.19	0.16	0.20
精氨酸（%）	1.54	1.17	0.95	1.20
苏氨酸（%）	0.97	0.64	0.60	0.66
缬氨酸（%）	1.13	0.78	0.70	0.80
异亮氨酸（%）	0.97	0.72	0.60	0.73
亮氨酸（%）	1.81	1.18	0.98	1.21
苯丙氨酸（%）	0.89	0.63	0.55	0.66

（续）

氨基酸	育雏期	育肥或育成期		产蛋期或种用期
	0～3 周龄	4～6 周龄（肉用）	4～6 周龄（蛋用）	7 周龄及以上
酪氨酸（%）	0.91	0.79	0.49	0.63
组氨酸（%）	0.49	0.33	0.30	0.34

资料来源：引自苏联鹌鹑营养需要标准，1985。

表 4-20　日本鹌鹑日粮中营养物质需要量（干物质 90%）

项　目	育雏和生长鹑	种鹌鹑
代谢能（兆焦/千克）	12.13	12.13
粗蛋白质（%）	24.0	20.0
蛋氨酸（%）	0.50	0.45
蛋氨酸＋胱氨酸（%）	0.75	0.70
赖氨酸（%）	1.30	1.00
色氨酸（%）	0.22	0.19
精氨酸（%）	1.25	1.26
亮氨酸（%）	1.69	1.42
异亮氨酸（%）	0.98	0.90
苯丙氨酸（%）	0.96	0.78
苯丙氨酸＋酪氨酸（%）	1.80	1.40
苏氨酸（%）	1.02	0.74
缬氨酸（%）	0.95	0.92
甘氨酸＋丝氨酸（%）	1.15	1.17
亚油酸（%）	1.0	1.0
钙（%）	0.80	2.5
钾（%）	0.4	0.4
钠（%）	0.15	0.15
氯（%）	0.14	0.14

（续）

项　目	育雏和生长鹑	种鹌鹑
非植物磷（%）	0.30	0.35
铁（毫克/千克）	120	60
锰（毫克/千克）	60	60
镁（毫克/千克）	300	500
锌（毫克/千克）	25	50
铜（毫克/千克）	5	5
碘（毫克/千克）	0.3	0.3
硒（毫克/千克）	0.2	0.2
维生素 A（国际单位/千克）	1 650	3 300
维生素 D_3（国际单位/千克）	750	900
维生素 E（国际单位/千克）	12	25
维生素 K（国际单位/千克）	1	1
核黄素（毫克/千克）	4	4
烟酸（毫克/千克）	40	20
维生素 B_{12}（微克/千克）	3	8
胆碱（毫克/千克）	2 000	1 500
生物素（毫克/千克）	0.3	0.15
叶酸（毫克/千克）	1	1
硫胺素（毫克/千克）	2	2
吡哆醇（毫克/千克）	3	3
泛酸（毫克/千克）	10	15

资料来源：引自美国 NRC 鹌鹑营养需要标准，1994。

表 4-21　鹌鹑的维生素与微量元素需要量

营养成分	最低需要量	营养成分	最低需要量
维生素 A（国际单位/千克）	7 000	烟酸（毫克/千克）	40
维生素 D_3（国际单位/千克）	2 500	胆碱（毫克/千克）	200

（续）

营养成分	最低需要量	营养成分	最低需要量
维生素E（国际单位/千克）	40	维生素B_{12}（微克/千克）	10
维生素K（国际单位/千克）	2	镁（毫克/千克）	70
硫胺素（毫克/千克）	1	锰（毫克/千克）	40
核黄素（毫克/千克）	6	锌（毫克/千克）	10
吡哆醇（毫克/千克）	3	铜（毫克/千克）	80
泛酸（毫克/千克）	5	碘（毫克/千克）	0.4
叶酸（毫克/千克）	1	硒（毫克/千克）	0.3
生物素（微克/千克）	100		

资料来源：引自沈慧乐等，《实用家禽营养》，2010。

表4-22 中国白羽鹌鹑营养需要建议量

项目	1～3周龄	4～6周龄	种鹌鹑（7周龄及以上）
代谢能（兆焦/千克）	11.92	11.72	11.72
粗蛋白质（%）	24.0	19.0	20.0
蛋氨酸（%）	0.55	0.45	0.50
蛋氨酸+胱氨酸（%）	0.85	0.70	0.90
赖氨酸（%）	1.30	0.95	1.20
钙（%）	0.90	0.70	3.00
有效磷（%）	0.50	0.45	0.55
钾（%）	0.40	0.40	0.40
钠（%）	0.15	0.15	0.15
氯（%）	0.20	0.15	0.15
镁（毫克/千克）	300	300	500
锰（毫克/千克）	90	80	70
锌（毫克/千克）	100	90	60
铜（毫克/千克）	7	7	7
碘（毫克/千克）	0.30	0.30	0.30

（续）

项　目	1～3周龄	4～6周龄	种鹌鹑（7周龄及以上）
硒（毫克/千克）	0.20	0.20	0.20
维生素A（国际单位/千克）	5 000	5 000	5 000
维生素D（国际单位/千克）	1 200	1 200	2 400
维生素E（国际单位/千克）	12	12	15
维生素K（国际单位/千克）	1	1	1
核黄素（毫克/千克）	4	4	4
烟酸（毫克/千克）	40	30	20
维生素B_{12}（微克/千克）	3	3	3
胆碱（毫克/千克）	2 000	1 800	1 500
生物素（毫克/千克）	0.30	0.30	0.30
叶酸（毫克/千克）	1	1	1
硫胺素（毫克/千克）	2	2	2
吡哆醇（毫克/千克）	3	3	3
泛酸（毫克/千克）	10	12	15

资料来源：引自北京市种鹌鹑场，《白羽鹌鹑鉴定技术文件》，1990。

表4-23　神丹1号鹌鹑营养需要

营养成分	育雏期 1～3周龄	育成期 4～6周龄	产蛋期7周龄及以上		
			产蛋率 80%以上	产蛋率 70%～80%	产蛋率 70%以下
代谢能（兆焦/千克）	12.55	11.72	12.34	11.97	11.72
粗蛋白质（%）	24	22	24	23	22
钙（%）	1.0	2.5	3.0	3.0	2.5
磷（%）	0.8	0.8	1.0	1.0	0.9
食盐（%）	0.3	0.3	0.3	0.3	0.3
碘（毫克/千克）	0.3	0.3	0.3	0.3	0.3
锰（毫克/千克）	90	90	80	80	70
锌（毫克/千克）	25	25	60	60	50
维生素A（国际单位/千克）	5 000	5 000	5 000	5 000	5 000

（续）

营养成分	育雏期 1～3周龄	育成期 4～6周龄	产蛋期7周龄及以上		
			产蛋率 80%以上	产蛋率 70%～80%	产蛋率 70%以下
维生素D（国际单位/千克）	480	480	1 200	1 200	1 200
核黄素（毫克/千克）	0.4	0.4	0.2	0.2	0.2
泛酸（毫克/千克）	10	10	20	20	20
烟酸（毫克/千克）	40	40	20	20	20
胆碱（毫克/千克）	2 000	2 000	1 500	1 500	1 500
蛋氨酸（%）	0.5	0.4	0.5	0.5	0.4
蛋氨酸+胱氨酸（%）	0.75	0.70	0.75	0.75	0.65
赖氨酸（%）	1.4	0.9	1.4	1.4	1.0
色氨酸（%）	0.33	0.28	0.30	0.30	0.25
精氨酸（%）	0.93	0.82	0.85	0.85	0.80
亮氨酸（%）	1.0	0.80	0.90	0.90	0.78
异亮氨酸（%）	0.60	0.60	0.55	0.55	0.50
苯丙氨酸（%）	0.90	0.85	0.87	0.87	0.83
苏氨酸（%）	0.70	0.60	0.63	0.63	0.58
缬氨酸（%）	0.30	0.25	0.28	0.28	0.25
甘氨酸+丝氨酸（%）	1.7	1.4	1.4	1.4	0.9

资料来源：引自湖北神丹集团鸟王种禽有限公司资料，2010。

表4-24　小型黄羽蛋用鹌鹑营养需要

项　目	育雏期和育成期	产蛋期
代谢能（兆焦/千克）	11.43	10.81
粗蛋白质（%）	21.1	20.1
蛋能比（克/兆焦）	1.85	1.86
蛋氨酸（%）	0.44	0.42
赖氨酸（%）	1.19	1.13
钙（%）	0.75	3.25
有效磷（%）	0.50	0.44

资料来源：引自湖北神丹集团鸟王种禽有限公司资料，2010。

42 什么是低蛋白日粮技术？

（1）低蛋白日粮的概念　低蛋白日粮指将日粮蛋白质水平按美国 NRC（2007）推荐标准降低 2%～4%，通过添加工业合成氨基酸降低蛋白原料用量来满足动物对氨基酸需求（即保持氨基酸平衡）的日粮。

（2）低蛋白日粮的理论基础　动物对蛋白质的需要，主要体现为对氨基酸的需要。高蛋白日粮通过高蛋白水平来满足动物对限制性氨基酸的需要，在满足第一限制性氨基酸需要的同时，不可避免地造成其他必需氨基酸的浪费。降低日粮蛋白质水平并补充一些人工合成氨基酸满足动物对限制性氨基酸需要，可明显减少必需氨基酸的浪费。

蛋白质中各种氨基酸在动物中的营养作用，犹如由 20 多块木板条围成的木桶，每块木板条代表一种氨基酸，蛋白质的生产效果犹如木桶里的容水量。如果饲料缺乏某种氨基酸，即如木桶上的某块木板短缺，其他木板条再长，盛水量也无法增加，生产水平只停留在最短的一条木板的水平上，这种氨基酸限制了蛋白质的利用率，称为限制性氨基酸，这就是氨基酸平衡的木桶原理。

降低日粮蛋白水平，补充必需氨基酸，随着氨基酸满足程度的提高，动物的生长性能逐步改善。由此可以看出，就动物生长而言，氨基酸满足程度比日粮的蛋白质水平更为重要。

早在 1944 年，Block 和 Bolting 就得出生长动物的氨基酸需要量可以由动物体蛋白的氨基酸组成来确定的结论。Howard（1958）最先提出理想蛋白质的概念，Mitchell（1964）给出了理想蛋白质的正式定义。Wang 和 Fuller（1990）将理想蛋白质定义为每一种必需氨基酸和非必需氨基酸的总量都具同等限制性的日粮蛋白质。如果一个日粮缺乏一种或几种必需氨基酸，则可以通过添加不足的必需氨基酸来改变蛋白质的沉积速度；如果日粮中缺乏非必需氨基酸，则添加任何氨基酸都会改变氮沉积。现在普遍认为，理想蛋白质是指这种蛋白质的氨基酸在组成和比例上与动物所需蛋白质的氨基酸组成和比例一致，包括必需氨基酸之间以及必需氨基酸和非必需氨基酸之间的组成和比例，动物对该种蛋白质的利用率应为100%。我国也积极开展了低蛋白日粮技术的研究，并已取得了丰硕的成果，制定和发布了生猪、肉鸡和蛋鸡新的低蛋白日粮标准，已于2018年11月1日执行应用。

（3）应用低蛋白日粮技术的价值与意义　所谓低蛋白日粮技术，是根据蛋白质氨基酸营养平衡理论，在不影响动物生产性能和产品品质的条件下，通过添加适宜种类和数量的工业氨基酸，降低日粮蛋白质水平、减少氮排放。这一技术是现代动物营养学发展的结果，也是当前精准营养研究的体现。多年的研究和大量养殖场（户）的实践证实，低蛋白日粮饲料技术，可以保证动物的生长性能，且不会影响肉类的品质，既可缓解我国对进口大豆的依赖，又可减少环境污染。

43 鹌鹑养殖业如何推广应用低蛋白日粮技术？

鹌鹑养殖业应从国家安全战略的高度出发，充分利用现代饲料新技术科技创新，可在以下几个方面积极开展低蛋白日粮技术研究和应用。

（1）积极开展氨基酸营养平衡技术研究和应用　开展赖氨酸、蛋氨酸、色氨酸、苏氨酸、缬氨酸、精氨酸等必需氨基酸效能研究，在鹌鹑饲料中开展必需氨基酸之间以及必需氨基酸和非必需氨基酸之间组成和比例的动物试验研究。试验研究确定鹌鹑饲料中添加氨基酸组成和比例，力争使鹌鹑对这些蛋白质的利用率为100%，并且不影响鹌鹑的生产性能，从而合理降低豆粕等高蛋白质原料的使用量。

（2）合理增加杂粕的应用　鹌鹑育雏期非常短，并且雏鹑生长速度快，出壳时鹑苗一般只有5～6克，经过育雏期，2周龄体重达55～65克，短短14天就增重10倍以上。鹌鹑育成期（一般15～40日龄）也短。针对鹌鹑这些特点，结合生产实际，建议育雏期、育成期、产蛋初期、产蛋高峰期饲料中不用或少用杂粕，在产蛋中后期饲料中可以适当增加杂粕的应用。

我国常见的杂粕有棉籽粕、菜籽粕等，不过棉籽粕中含有游离棉酚、环丙烯脂肪酸、单宁、植酸、棉籽壳（绒）等，会引起生产性能下降、贫血、繁殖力减退等。菜籽粕含有硫代葡萄糖苷、芥子碱、单宁、皂角苷，会引起甲状腺肿大、肝脏受损、生长速度下降、繁殖力减退等。不少杂粕含有有毒物质，必须经过脱毒处理才可应用。杂粕的脱毒方法较多，如高温热处理法、化学法和微生物发酵法等。高温热处理法和化学法的脱毒效果较好，但高温处理会破坏蛋白质（Maillard 反应）、能耗高，而化学脱毒往往会增加苦味或引入金属离子，使杂粕的适口性变得更差，因此这两种脱毒方法正逐渐被微生物发酵脱毒法所取代。目前，微生物发酵法可使棉籽粕的脱毒率达 85%～90%，菜籽粕的脱毒率达 90%以上，通过微生物发酵还能提高杂粕的营养价值（提高氨基酸、维生素含量等）、增加可消化性和适口性。

目前，我国已经培育出了低棉酚棉花新品种和“双低”油菜新品种（低硫代葡萄糖苷、低芥子碱），特别是“双低”油菜已经大面积推广种植。低棉酚棉粕中棉酚含量约为 0.02%（低于 0.04%的安全限量），“双低”菜籽粕中硫代葡萄糖苷含量 12.20 微摩尔/克（低于 30 微摩尔/克的安全限量），因此不必脱毒可直接饲喂肉鸡，但用量也不宜过大。建议低棉酚棉籽粕在鹌鹑产蛋中后期料用量小于 10%，“双低”菜籽粕在产蛋中后期料用量小于 8%。

棉籽粕、菜籽粕等杂粕中纤维素、果胶等含量较高，添加特定复合酶制剂（含纤维素酶、果胶酶、木聚糖酶、蛋白酶、甘露聚糖酶、淀粉酶或植酸酶等）可裂解细胞壁，释放营养物质，并可调节鹌鹑消化道微生态平衡，提高鹌鹑对杂粕型饲料的消化利用率。杂粕之间的合理搭配原则是营养具有互补性，比例要适宜，否则会影响饲料养分的平衡性，降低饲料产品质量，危害鹌鹑健康。

（3）积极开展功能性饲料添加剂研究和应用　饲料的成本占养殖场成本的 70%，豆粕的成本又占饲料成本的 50%。此前，饲料中豆粕使用比例高，价格便宜是一个主要原因，随着豆粕价格上升，选择其他替代品将变得经济可行。饲料配方应尽量多元化、本地化，以利于饲料中营养互补，节约饲料成本。积极开展功能性饲料添加剂研究和应用，在鹌鹑饲料中添加酵母、酶制剂、中草药制剂、微生态制剂等功能性饲料添加剂，降解抗营养因子，减少其影响，提高饲料利用率，从而达到豆粕减量的目的。同时，提倡大型饲料企业站在行业可持续发展的高度，提高饲料配制技术水平，主动推广应用低蛋白质日粮。各级农技推广机构应加强小型饲料企业、养殖场户的培训工作，应用新的科技成果，使鹌鹑养殖业接受并能紧跟时代要求，在不影响鹌鹑生产性能，不影响蛋、肉类蛋白质的数量安全，价格成本也在可控范围内的情况下，积极推广应用低蛋白日粮，建议产蛋高峰期开始就使用高能低蛋白日粮，以防止鹌鹑过肥而引起产蛋减少。

44 生产上常用的饲料配方有哪些？

根据鹌鹑不同品种、生产阶段、生理需要、生产用途及季节，结合当地饲料资源，制订科学合理的饲料配方，以便于生产出全价配合饲料，满足鹌鹑生产需要。下面介绍几个鹌鹑生产上常用的饲料配方（表4-25至表4-32），仅供参考。

表4-25　蛋用型鹌鹑日粮配方（%）

原料名称	1～3周龄	4～6周龄	7周龄以上
玉米	46.0	55.4	60.6
豆粕（43%粗蛋白质）	35.0	33.5	22.5
葵花籽饼	3.5	—	—
骨肉粉	2.5	—	—
羽毛粉	5.0	2.4	—
鱼粉	5.0	5.0	—
骨粉	0.3	0.8	—
玉米蛋白粉（60%粗蛋白质）	—	—	6.0

（续）

原料名称	1～3周龄	4～6周龄	7周龄以上
麸皮	2.5	2.5	—
石粉	—	0.3	7.1
磷酸氢钙	—	—	2.0
赖氨酸	0.2	0.1	0.8
蛋氨酸	—	—	0.2
食盐	—	—	0.3
氯化胆碱	—	—	0.2
禽用多种维生素	—	—	0.1
禽用多种矿物质	—	—	0.2

表 4-26　朝鲜鹌鹑日粮配方（%）

原料名称	1～3周龄	4～6周龄	7周龄以上
玉米	46.0	55.4	57.6
豆饼	35.0	33.5	23.5
葵花籽饼	3.5	—	—
肉骨粉	2.5	—	—
玉米蛋白粉（60%粗蛋白质）	—	—	—
羽毛粉	5.0	2.4	—
鱼粉	5.0	5.0	—
骨粉	0.3	0.8	8.0
麸皮	2.5	2.5	—
石粉	—	0.3	7.1
磷酸氢钙	—	—	2.0
赖氨酸	0.2	0.1	0.8
蛋氨酸	—	—	0.2
食盐	—	—	0.3

（续）

原料名称	1～3周龄	4～6周龄	7周龄以上
氯化胆碱	—	—	0.2
禽用多种维生素	—	—	0.1
禽用多种矿物质	—	—	0.2

表4-27　黄羽鹌鹑日粮配方

原料名称	1～6周龄	7周龄以上
玉米（%）	54.0	55.0
豆饼（%）	25.0	27.0
鱼粉（%）	15.0	8.0
麸皮（%）	3.8	7.0
骨粉（%）	1.0	1.0
贝壳粉（%）	1.0	2.0
禽用多种矿物质（%）	0.2	0.2
细沙砾（克/100千克）	—	2.3
禽用多种维生素（克/100千克）	10	20

资料来源：引自宋东亮等，1996。

表4-28　南京农业大学种鹌鹑场日粮配方（%）

原料名称	雏蛋鹑（1～3周龄）	商品蛋鹑	种鹑	肉用鹑（周龄）	
				1～3	4～6
玉米	60.20	62.20	61.60	51.10	62.5
小麦麸	2.50	3.00	3.00	3.00	3.00
豆粕	19.0	7.90	13.80	24.00	29.3
菜籽粕	5.50	4.10	—	4.20	—
进口鱼粉	10.0	15.00	13.60	15.00	11.4
骨粉	0.50	—	—	0.40	0.40
贝壳粉	0.30	3.70	3.90	0.43	0.37
石粉	0.19	2.00	2.00	0.20	0.20

（续）

原料名称	雏蛋鹑（1～3周龄）	商品蛋鹑	种鹑	肉用鹑（周龄）	
				1～3	4～6
赖氨酸	0.16	—	—	—	0.17
蛋氨酸	—	—	—	0.07	0.06
食盐	0.15	0.10	0.10	0.10	0.10
预混料	1.00	1.00	1.00	1.00	1.00
细沙砾	0.50	1.00	1.00	0.50	0.50

注：夏季酌减玉米5%，增加蛋白质料、矿物质、预混料；冬季酌加玉米5%。

表4-29　伟翔生物工程（天津）有限公司推荐的保健日粮配方（%）

原料名称	育雏鹑（1～3周龄）	育成鹑（4～5周龄）	产蛋鹑1	产蛋鹑2	种鹑
			6周龄以上	6周龄以上	6周龄以上
玉米	55	57	56	52	55
豆粕	36	36	30	38	32
进口鱼粉	4	2	4	0	3
预混料	5	5	5	5	5
石粉或贝壳粉	0	0	5	5	5

注：雏鹑和育成鹑选用5%鹌鹑生物育雏期预混料。产蛋鹑选用5%鹌鹑产蛋期中草药生物预混料，其中产蛋鹑2为无鱼粉日粮配方。

表4-30　无鱼粉低蛋白日粮配方（%）

原料名称	配方1	配方2
玉米	62.00	61.00
豆粕	18.20	17.00
玉米蛋白粉	8.50	6.50
大豆油	1.60	1.70
米糠	0	1.00
次粉	0	2.00
小麦麸皮	0	1.00

（续）

原料名称	配方 1	配方 2
禽用多种维生素	0.05	0.05
禽用多种矿物质	0.20	0.20
赖氨酸	0.44	0.44
蛋氨酸	0.15	0.18
L-色氨酸	0	0.02
L-苏氨酸	0.06	0.10
饲料级食盐	0.30	0.30
磷酸氢钙	1.75	1.75
石粉	6.75	6.75

注：两个低蛋白日粮配方适合在鹌鹑产蛋高峰期后使用，商品蛋鹑和种用鹑均可用。

表 4-31 法国肉用鹌鹑日粮配方（%）

原料名称	1～3 周龄	4～6 周龄
玉米	46.0	55.4
豆饼	35.0	33.5
葵花籽饼	3.5	—
骨肉粉	2.5	—
羽毛粉	5.0	2.4
鱼粉	5.0	5.0
骨粉	0.3	0.8
麸皮	2.5	2.5
石粉	—	0.3
赖氨酸	0.2	0.1

资料来源：引自北京市种鹌鹑场内部资料。

表 4-32　法国肉用种鹌鹑日粮配方

原料名称	育雏期	育成期	种鹑期
	1～3 周龄	4～6 周龄	7 周龄及以后
玉米粉（%）	56.0	60.5	54.0

（续）

原料名称	育雏期	育成期	种鹑期
	1～3周龄	4～6周龄	7周龄及以后
豆饼粉（%）	26.0	20.0	23.0
鱼粉（%）	3.0	3.0	3.0
蚕蛹粉（%）	5.0	5.0	5.0
麸皮和米糠（%）	3.0	3.0	3.0
槐叶粉（%）	5.0	5.0	5.0
骨粉（%）	2.0	1.5	2.0
蛎壳粉或石粉（%）	—	—	5.0
蛋氨酸（%）	0.15	0.10	0.10
硫酸锰（毫克/千克）	180	180	180
硫酸锌（毫克/千克）	160	160	160
禽用多种维生素（毫克/千克）	120	80	100
食盐（%）	0.20	0.20	0.20

资料来源：引自北京市种鹌鹑场内部资料。

45 饲料生产工艺的流程是怎样的？

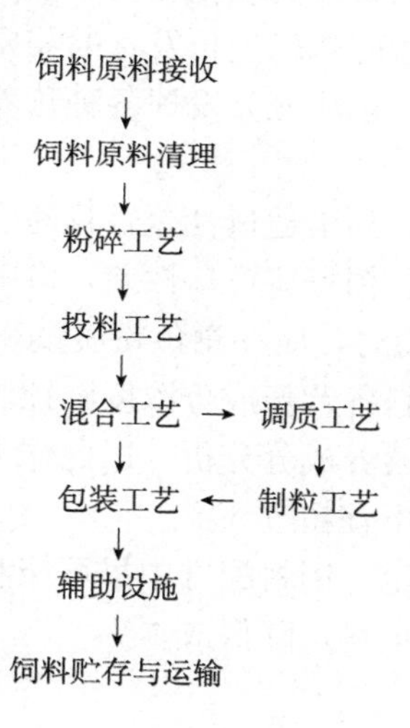

46 鹌鹑日粮配制有哪些原则？

鹌鹑在一昼夜中所采食的饲料总和称为日粮或饲粮。在日粮中，如果营养物质的种类、数量、质量、比例都能满足鹌鹑需要，则这种日粮可称为平衡日粮或全价日粮。采用这种日粮饲养鹌鹑，能达到高效率、低成本的生产目的。

（1）根据鹌鹑饲养标准，制订合理的日粮配方　配制日粮时必须考虑能量、粗蛋白质、氨基酸、脂肪酸、维生素和矿物质多种营养成分，应将含能量较高的饲料原料作为日粮能量的主要来源，由于含能量较高的饲料中蛋白质含量又往往较低，蛋白质营养价值不全面，特别是蛋氨酸和赖氨酸缺乏，因此需要搭配一些蛋白质饲料。此外，饲料中钙、磷等含量往往不足，维生素含量低，所以，还要补充维生素、无机盐等。配制日粮时，可借鉴经典配方，但不要生搬硬套，应结合当地生产实践，制订合理配方，以满足鹌鹑的生长发育和繁殖需要。

（2）不同生长阶段，不同生产目的鹌鹑的饲料营养需要应有所差异　要充分考虑这一因素，实行动态营养供给下的饲料配制技术，有效降低鹌鹑的饲料浪费损耗和营养供给过剩的不良影响，降低饲料成本，更好地适应鹌鹑生长发育的需要。在不同阶段采用不同饲料原料进行搭配，也能充分发挥各种营养成分特别是氨基酸的互补作用。

（3）注意适口性　高粱适口性差，且易引起便秘；小麦麸喂多会引起腹泻；菜籽饼、棉籽饼适口性差，多喂易引起中毒，用量不宜超过5%；使用鱼粉时，应注意鱼粉质量和含盐量。

（4）精准掌握原料各营养成分浓度，控制粗纤维含量　对每批次饲料原料应采样做营养成分分析，以此作为配料依据，并注意控制日粮中粗纤维含量不宜超过3%。

（5）饲料来源稳定　饲料配方中尽可能利用当地充足且经济实惠的饲料资源，减少运输，降低成本。

47 日粮有哪些料型？

（1）粉料　由多种原料分别经机械磨碎后直接搅拌混匀而成，优点是生产方便，较易配合，营养全面，易消化吸收；缺点是浪费较大，粉灰较大，混合均匀度差，不易保存，品质不稳定，劳动效率低。

（2）颗粒料　由配合好的粉料经由颗粒机压制成不同粒径的较为坚实的颗粒料，优点是营养全面，适口性好，能部分减少饲料浪费，方便贮存和运输。不足之处在于鹌鹑对颗粒料有嗜食性而增加采食量，制粒成本较高，会破坏部分维生素（需注意补充），可能增加鹌鹑啄羽发生率。

48 如何做好饲料的保存工作？

（1）加强原料检测　养殖场或饲料厂对饲料原料除进行必要的感官检查外，还要进行相关数据的检测，严格按照标准执行，严禁购入水分高、有异味、异色的原料，尤其是不能购入霉变的饲料原料。

（2）抓好生产管理　在饲料的生产过程中，有许多因素可能导致饲料霉变，应严格把关。首先要控制好水分的含量，保证饲料水分控制在允许范围内。其次是及时清理车间和生产设备易残留饲料的死角，以免这些死角残留料堆积的时间过长，引起霉菌的生长繁殖。第三是饲料袋封口要严密，袋口折叠后再缝合，锁包时针眼要密，并锁紧，防止潮湿空气吸入包装袋中，引起包装袋缝口处物料吸潮发霉。

（3）改善贮存条件　饲料贮存库要干燥、阴凉、地势要高，通风条件良好，地面、墙壁要做防潮隔湿处理。饲料堆放要规范，高度适宜，垛底应有垫板，垛与墙、垛与垛之间要保持一定的距离。饲料原料、新生产的饲料及退回的饲料要单独存放，以免造成交叉污染。要定期对饲料库进行打扫和消毒。

（4）做好饲料运输　饲料在装车前要清除车厢内的积水，在运输途中要盖好防雨布，避免饲料潮湿。饲料运输宜采用汽车运输，避免在途中积压。

（5）合理采购饲料　饲料成品或原料购入应根据使用情况，制订合理的采购计划，不能一次购入大量饲料，造成积压，除考虑积压时间过长容易发霉以外，还要考虑有效期问题。多雨季节空气湿度大，更不能购买过多饲料，同时应注意防止雨水淋湿饲料。

五、饲养管理

49 什么是无抗养殖？

抗生素早期作为饲料添加剂或生长促进剂，用于动物养殖，对提高饲料利用率、动物生产效率，保障动物健康，降低发病率、伤残率和死亡率，起到了十分重要的作用。但抗生素在杀灭病原微生物的同时，对机体内的益生菌也有抑制与杀灭作用，可造成动物体内菌群失调、生态平衡受到破坏，某些条件性病原体大量繁殖，引发机体二重感染，并产生耐药性菌株，给动物疫病的防控带来很大的麻烦，造成严重的不良后果。抗生素的使用不遵守休药期，长期滥用，致使抗生素在动物体内产生药物残留，并通过食品进入人体，具有致癌、致畸、致突变作用，严重危害公共卫生安全。

养殖业中抗生素的滥用，加大了动物疾病防治的难度，更直接或间接地危害了人类自身的健康，尤其是抗生素及激素作为饲料添加剂所带来的危害性也日益凸显。例如，动物产品药物残留使人类病原菌产生耐药性，产生“超级细菌”。

我国农业农村部于 2018 年提出“无抗，从减量开始”，并发布了《关于开展兽用抗菌药使用减量化行动试点工作的通知》，决定开展兽用抗菌药物使用减量化行动，并组织制定了《兽用抗菌药使用减量化行动试点工作方案（2018—2021 年）》。2018—2021 年，将以蛋鸡、肉鸡、生猪、奶牛、肉牛、肉羊等主要畜禽品种为重点，每年组织不少于 100 家规模养殖场开展兽用抗菌药使用减量化试点工作，对考核评价合格的养殖场，发布全国兽用抗菌药使用减量化达标养殖场名录。

无抗养殖，指在畜禽日常养殖过程中不使用预防性抗生素。无抗养殖是我国畜牧业发展的必然方向，既是现代化畜牧业发展的时代趋势和国家法律法规的规范要求，也是消费者消费理念升级对食品安全日益重视的需求。无抗养殖是大势所趋，育种、养殖、饲料、动保、屠宰、食品加工等产业链相关行业都必须适应趋势的发展，大力发展品牌畜牧业，进行产业配套引领、推动无抗养殖和畜禽食品安全。无抗是保障养殖业生产安全、食品安全、公共卫生安全和生态安全，维护人民群众身体健康的必由之路，无抗肉、无抗蛋将成为家禽企业在市场竞争中脱颖而出的新策略方向。

当前我国还处在“减量化”阶段，实现“无抗化”是畜牧行业也是畜牧从业者追求的终极目标。“减抗”是手段和过程，“无抗”是目标和理想。鹌鹑养殖业也应紧跟现代畜牧业的发展趋势，顺应新时代消费需求，积极主动实施无抗养殖，抢占商业制高点，以促进鹌鹑养殖业健康可持续发展。

50 如何实施无抗养殖？

无抗养殖有两层意思，一是无抗饲料养殖，这是目前国内外正在逐步推行的养殖模式。当前世界范围内，无抗饲养多以畜禽日常饲料停用预防性抗生素形式呈现。当畜禽发生疾患或感染需要治疗，必须使用抗生素时，应在执业兽医师指导下使用，严格执行兽用抗生素应用范围和时间，严禁使用人用抗生素。第二层也是更深一层的意思，是指从种源选择、环境控制、养殖过程至最终的产品都实现绝对无抗养殖，全过程不使用抗生素。

生物安全体系是为保证畜禽等动物健康安全而采取的一系列疫病综合防范措施，是较经济、有效的疫病控制手段，也是实现无抗养殖的根本。当前，在我国的养殖业中必须强调树立“生物安全”观念，从根本上减少和依赖用药物来防治动物疫病。

51 什么是全进全出制?

不同日龄的鹌鹑对疫病的易感性不同，养鹑场内如有几种不同日龄的鹌鹑饲养在一起，日龄较大的鹌鹑往往会将病原微生物传播给日龄小的鹌鹑，有时成年鹌鹑可能带毒（菌）而不发病，但雏鹑可能比较敏感，从而引起雏鹑发病。日龄层次越多，鹌鹑群交叉感染的风险就越大。为降低相互交叉传播的风险，避免病原微生物在养殖场持续潜伏，目前，养鹑场普遍采取全进全出的饲养管理方式。

全进全出制有利于管理和做好兽医卫生防疫工作，提高生产效率，充分发挥鹌鹑的生产性能，降低疾病风险，从而提高鹌鹑养殖的经济效益。

采用全进全出饲养管理方式时应整批进整批出，鹌鹑尽量在同一天进雏、全部出栏。若整个养鹑场实行采取全进全出制有困难，可在一个小功能区采取全进全出制；实在有困难的至少一栋鹑舍实行全进全出制。

每批鹌鹑出舍后必须经过清扫、冲洗、消毒、空关 1～2 周后再进下一批，这样才能彻底消灭残留的病原微生物，有效地避免连续感染，从而给新进鹌鹑群一个清洁、卫生、无害的生长环境。实践证明，采取全进全出制的鹌鹑饲养管理方式是预防疾病、降低成本、提高成活率的有效措施之一。

52 鹌鹑舍进雏前需要做哪些准备工作?

（1）鹑舍的修缮工作　除专业养鹑场应建育雏舍外，一般养殖户可以利用空闲的房舍养殖雏鹑，但不管是什么类型的鹑舍，至少应在计划进雏前 15 天进行检查，做好补漏、加固工作，以免雏鹑逃窜和遭受到犬、猫等侵袭，也有利于开展卫生消毒工作。

对地面和墙壁有空隙、漏洞之处，应用水泥进行封固，以便能耐受高压水枪的冲洗。检查屋顶，拾漏补缺，对漏雨的地方重新铺瓦。检查窗户、天窗、排气孔、下水道等处的铁丝网是否完整，做好加固工作，以防兽害。夏天所有窗户、排气孔加设纱网，以防蚊蝇滋扰。

（2）驱虫灭鼠　除加固鹑舍的防蚊蝇、鼠害设施外，应在进雏前10天集中驱虫灭鼠1次。可采用投放饵料和老鼠夹相结合的措施，也可请灭鼠公司进行专业灭鼠。清除育雏舍周围的杂草、杂物，选用0.2%敌百虫、0.01%溴氰菊酯等杀虫剂对鹑舍和环境进行喷雾杀虫。

（3）设施、用具的准备　目前鹌鹑饲养多采用高床网养、分层笼养，既能将雏鹑与粪便分开，为雏鹑创造较为良好的生活环境，也方便清除粪便，减少疾病的发生概率，提高雏鹑的成活率。因此，应根据本场情况和需要，将网床、用具、笼具等清洗干净，消毒待用。若采用地面平养育雏，还要备足干燥、松软、无霉烂、吸水性强、清洁的垫料，如稻壳、木屑等。

（4）鹑舍的清洁与消毒工作

①进雏前1周，必须再次彻底打扫场区和鹑舍内外卫生，注意清除杂草，用高压水枪冲洗顶棚、墙壁、网箱和地面，顺序是先上后下、先内后外，彻底清除污物。打开门窗通风1～2天，待育雏舍干燥后，用过氧乙酸或氢氧化钠等环境消毒剂进行喷洒消毒，顺序是先顶棚后地面，先内墙后外墙。若选择腐蚀性的消毒剂（如氢氧化钠等），应在消毒1～2天后用清水再冲刷一次。

②进雏前5天，将清洗过的饮水器、开食盘、料桶等用具摆放在网箱（笼）内，采用甲醛进行熏蒸消毒。熏蒸时先关闭门窗，所有器具要打开，育雏舍温度保持20℃左右，相对湿度为60%～80%；高锰酸钾与福尔马林按1∶2比例配制，每立方米的用量为高锰酸钾10克、福尔马林20毫升，可选择搪瓷、陶瓷、玻璃等质地的器皿，忌用铁、铝、铜质器皿。熏蒸封闭1～2天后，打开门窗，让空气流通，吹散鹑舍内气味。

（5）饲料、疫苗及药品的准备　进雏前2天，根据雏鹑所养品种的营养需要标准，结合本场实际，配制全价的雏鹑料，详见第四部分相关内容。储备防禽沙门氏菌病、球虫病等药品，防疫用疫苗及消毒药等。

（6）育雏舍升温　进雏前1天，对育雏舍进行预热、加温。①检查供暖设备、管道等设施是否运转正常。②检查升温效果，看能否达到37℃。③检查供暖效果，看温度是否稳定，分布是否均匀，避免温度忽高忽低、分布不均匀等现象。

目前供暖主要有地炕（又称烟道式）、电热伞、电炉、煤炉、红外线灯等方式，较为先进的有智能化温控育雏设备。

53 如何挑选合格的鹑苗？

雏鹑的健康成长与孵化厂供应的鹑苗质量密切相关。鹑苗要从种鹑质量好、防疫严格、出雏率高的鹌鹑场购买。

健壮雏鹑的外观标准：发育匀称，大小一致；初生重符合品种要求；眼大有神；绒毛清洁，光亮整齐；站立稳健，活泼好动，叫声清脆，手握有力；腹部柔软而有弹性，卵黄吸收好；脐部没有出血痕迹，愈合良好。

弱、残雏的特征：初生重大小不一；精神不振，羽毛无光、松乱；闭目缩头，站立不稳，常喜欢挤扎在靠近热源的地方；手握无力，像“棉花团”；蛋黄吸收不良；脐部突出，有出血痕迹，愈合不良，常发红或呈棕黑色；钉脐及腿、喙、眼有残疾的为残雏，应及时将其挑出。

54 雏鹑运输有哪些要点？

初生雏鹑经过挑选分级、雌雄鉴别及注射马立克氏病疫苗后即可起运。雏鹑的运输工作非常重要，运输途中的外界环境条件、运输时间等不利因素对雏鹑来说是一种较为强烈的应激，稍有疏忽，就会造成无法挽回的经济损失。雏鹑运输时，应做好以下几方面的工作。

（1）运输工具的选择及准备　运输工具的选择以尽可能缩短运输时间、避免途中频繁转运、减少对雏鹑的应激为原则。寒冷季节选择密闭性能好又方便通风的面包车，炎热季节以带布篷的货车为佳。车辆大小的选择以雏鹑箱体积不超过车辆可利用体积的70%

为原则，雏鹑箱的尺寸一般为60厘米×46厘米×18厘米，炎热季节每箱可装雏鹑80～100只，其余季节可装100～120只。出车前，应检查车况，对车辆进行全面检修，备足易损零件。

（2）起运时间的掌握　为保证雏鹑健康及正常生长发育，运输工作应在出壳后48小时之内完成。尽可能在雏鹑雌雄鉴别、疫苗注射完成后立即起运，停留时间越短，对雏鹑的影响越小。一般来讲，冬天和早春运雏选择在中午前后温度较高时起运，炎热季节在日出前或日落后的早晚起运。

（3）雏鹑装车时的注意事项　装车时雏鹑箱的周围要留有空隙，特别是中间要有通风道。运输时装载雏鹑箱上下高度不要超过8层；确需装高时，中间可用木板隔开，以防下部纸箱被压扁；保持箱体平放，以防止雏鹑挤堆压死；雏鹑箱不要离窗太近，以防雏鹑受冻或吹风过度而脱水；尽可能不要将雏鹑箱置于发动机附近或排气管上方，避免雏鹑烫伤致死。

（4）运输途中管理　要注意保温与通风换气的平衡，以免雏鹑受闷、缺氧导致窒息死亡，特别是冬季要注意棉被、毛毯等不要覆盖太严。若仅注意通风而忽视保温，雏鹑会受冻、着凉，易诱发禽沙门氏菌病，导致成活率下降。装卸或运输途中停车检查时，寒冷季节，车应停在背风向阳处；炎热季节，车应置于通风阴凉之地，不要在太阳下暴晒。在运输途中要随时观察鹑群动态，要视雏鹑情况开关车窗或增减覆盖物，如果箱内雏鹑躁动不安，散开尖鸣，张嘴呼吸，说明车内温度太高，应增加空气流通，极端炎热季节还应定时上下调箱；当雏鹑相互挤缩，闭目发出低鸣声时，说明车内温度偏低，应减少空气流通或增加保暖覆盖物。行车路线要选择畅通大道，少走或不走颠簸路段；避免途中长时间停车，确需停车时，要经常将上下左右雏鹑箱相互换位，防止中心层雏鹑受闷。

55 鹌鹑育雏期的饲养管理要点有哪些？

鹌鹑个体娇小，带有野性，消化率强，生长速度快，产蛋早，生产力高，其饲养管理与鸡等常见家禽的差异较大。例如鸡、鸭、鹅等家禽育雏期一般是30天，而鹌鹑只有14天，只有其他家禽的一半时间。鹌鹑生长发育特别快，出壳时鹑苗一般只有5～6克，经育雏，2周龄体重55～65克，短短14天就增重10倍以上，可见其新陈代谢之旺盛。因此，鹌鹑育雏期的饲养管理必须倍加小心，确保育雏期各项工作顺利，使鹑苗茁壮成长。鹌鹑的育雏工作直接影响着鹌鹑的生长发育、成活率、群体的整齐度、成年鹌鹑的抗病力及鹌鹑的产蛋量、产蛋高峰持续时间，乃至整个产业的经济效益等，因此做好鹌鹑育雏期的饲养管理工作十分重要。

（1）育雏期第1周的饲养管理（0～7日龄） 应做到“雏鹑请到家，7天7夜不离它”。

1）温度 温度是育雏成败的关键因素，提供适宜、稳定的温度可有效提高雏鹑的成活率。第1周育雏舍温度为37℃，观察鹌鹑会均匀散布于网箱（笼）中；若温度过低，雏鹑易打堆，由于挤压而造成伤亡；若温度过高，雏鹑会远离热源，张嘴呼吸，两翅伏地，造成雏鹑脱水，影响雏鹑的生长发育。

2）湿度 为防止雏鹑脱水，1～5日龄育雏舍内相对湿度应保持在65%～70%，以后逐渐降低，保持在50%～60%即可。育雏舍内湿度过高，易引起病原微生物滋生和饲料霉变，导致鹌鹑发生肠炎；湿度过低，则空气干燥，尘土飞扬，易引起雏鹑发生呼吸道病。

3）饮水 雏鹑第1次饮水称为开口或开水，雏鹑往往先饮水，然后才吃料；在首次开口水中加入5%葡萄糖和电解多种维生素，可帮助雏鹑恢复体力，也有利于促进卵黄的吸收。水质要求清洁、卫生、无污染，最好使用自来水。水槽要浅，如果用塑料饮水器，可在水槽里加放小石子或塑料管圈，以防止雏鹑掉入水槽弄湿羽毛或被淹死；3～4天后即可把小石子撤去。水温最好是25℃左右的温开水，每天换水2次，换水时须做好饮水器或水槽的清洁和消毒工作。可让雏鹑自由饮水，切忌断水。

4）喂料　饮水1小时后，将料放在料槽内让雏鹑自由采食，有一部分雏鹑啄食后，其他雏鹑就会跟着采食，不得断料；也可用少量水搅拌料，握住成团，放下散开为宜。料槽要有足够空间，以保证每只鹌鹑都有足够的吃料位置。3天后可少喂勤添，一般每天喂6～8次。

5）垫料　由于刚孵出的雏鹑腿脚软弱无力，在光滑的垫铺料上行走时，易造成“一”字腿，时间一长，就会不能站立而残废。育雏网箱（笼）内的垫铺料最理想的是麻袋片，也可采用粗布片，禁用报纸或塑料布。

6）通风换气　育雏舍内温度高，雏鹑新陈代谢强，呼出的二氧化碳及水蒸气量多，粪里也不断地释放出氨气，故需特别注意通风换气，做好保温和通风的平衡，确保空气新鲜。第1周，3天清除粪便1次，防止久不清粪而出现发臭、生虫问题，产生氨气和臭气，污染空气。

7）饲养密度　鹌鹑具有耐密集性饲养的特点，可适当增加饲养密度以提高单位面积的饲养量，但须保证空气新鲜。饲养密度过大，会妨碍雏鹑采食、饮水和运动，导致空气质量下降，引起生长发育不良，诱发啄肛、啄羽等恶癖，甚至引发疾病而造成死亡。饲养密度过小，则设备利用率低，增加饲养成本。

在笼养条件下，根据品种和生长情况，1～7日龄合理的饲养密度为150～200只/米^2，冬季可多养一些，夏季要少养一些，种鹑和肉用鹌鹑也要少养一些，通常可有10%～15%的增减幅度。高床网养条件下，1～7日龄合理的饲养密度为50～80只/米^2。

8）光照　雏鹑胆小、易被惊扰，同时考虑其采食特点，建议育雏第1周24小时照明。产蛋鹑和种鹑的光照强度为8～10勒（每18米^{2}安装20～30瓦灯泡）。

9）疫苗免疫　根据雏鹑的品种、育雏季节及当地疫病的流行特点制订适合本场的免疫程序。

首先是马立克氏病疫苗的免疫，一般在孵化室出壳时即注射，疫苗可选择鸡马立克氏病弱毒双价疫苗。注射马立克氏病疫苗需注意几个问题：①必须在出壳 24 小时内注射。②配制马立克氏疫苗需要专用的稀释液，而不是常用的生理盐水或凉开水。③马立克氏疫苗是活疫苗，需要冷藏保存，一般是保存在液氮－198℃。④使用时应现配现用，一般须在稀释后 2 小时内用完。

其次是在 5～7 日龄进行新城疫和传染性支气管炎疫苗的免疫，常选用新支二联冻干疫苗，可采取滴鼻、滴眼、滴口、喷雾等免疫途径。

10）无害化处理　对含有病原微生物的物品须按照卫生防疫要求进行无害化处理（图 5-1），例如对于病死鹑，有焚烧、深埋、高压、煮沸等多种无害化处理方法；对于粪便羽毛废弃物，可堆集发酵、深埋等；疫苗瓶（包括开口但未用完的疫苗瓶），则建议焚烧处理。

图 5-1　无害化处理病死鹑和粪便

11）“全进全出”的饲养制度　一栋鹑舍只养殖同一批次的鹌鹑，实行同一批次鹑苗进，同一批次移群，中途不允许不同批次的鹌鹑进入，也不将该批次的鹌鹑混入其他鹌鹑群，以方便统一管理和移群后鹑舍空关后彻底清洁消毒。

12）其他日常管理工作

①育雏舍要注意保持环境安静。鹌鹑胆子小、有野性，0～4 日龄常表现出逃窜的现象，陌生人不得随意进入育雏舍，谢绝外来人员参观。工作人员进出鹑舍时，动作要轻，加料、加水等时动作也要轻、慢，避免惊群。

②每天巡视育雏舍，检查室内温度、湿度是否符合标准，有

无扎堆现象，根据情况适时调整通风和光照；注意观察鹌鹑的动态，如精神状态是否良好，采食、饮水是否正常，防止啄癖发生。观察有无死鹑和病鹑，有无张口呼吸、闭眼呆立、羽毛松乱；有无异常叫声、呼吸声音异常；观察鹌鹑粪便，有无排绿色、带血、水样或长条腊肠样粪便等。这些异常情况通常是疾病开始的征兆，发现越早对防治越有利，须及时诊断，尽快采取对应防控措施。

③做好防鼠害、兽害，防止猫、犬、野鸟等进入惊扰，做好防煤气中毒工作。

④定期称量体重和检查羽毛生长情况。体重和羽毛是鹌鹑生长发育的重要技术指标，也是衡量育种价值与商品价值的重要技术指标，应定期称量和检查。

（2）育雏期第2周的饲养管理（8～14日龄）　育雏第2周的工作没有第1周烦琐，但对雏鹑成活率和生长发育影响仍然比较大，不可掉以轻心。可参照第1周的饲养管理工作，主要做好以下工作：

①温度与湿度：从第8天开始，每半天下降1℃，直至33℃，维持至14日龄。湿度保持在50%～60%。

②饮水：自由饮水，饮水器每日洗2次，消毒1次。

③喂饲：可少喂勤添，一般每天喂4～6次；也可自由采食。12日龄时可将小食槽换成大食槽或料桶。

④饲养密度：在笼养条件下，8～14日龄的饲养密度为120～150只/米^2。高床网养条件下，8～14日龄的饲养密度为40～60只/米^2。

⑤光照：从育雏第2周开始，光照16～24小时，光照强度5勒（每18米^{2}安装15瓦灯泡）。

⑥清洁与消毒：随着鹌鹑的长大，其对鹑舍内的环境影响也加大，如粉尘增多、粪便与羽毛废弃物增多等，引起空气混浊。为此，每天应清洁1次，清扫前注意对地面洒水，避免尘土飞扬，2～3天清除粪便1次，2～5天使用消毒水喷洒1次。消毒

剂尽量准备2种以上，不同成分的消毒剂交叉使用，提高消毒效率。

⑦疫苗免疫：12～14日龄时进行传染性法氏囊炎和禽流感疫苗的免疫，传染性法氏囊炎冻干疫苗饮水免疫，禽流感油乳剂灭活苗需皮下或肌内注射。在马立克氏病高发疫区，如果担心从外场引进的雏鹑注射马立克氏病疫苗的效果不好，可在7～10日龄时再加强免疫1次。

⑧其他饲养管理：定期检查羽毛生长情况，高床网养育雏10天左右加盖网罩（1.5厘米网眼），防止雏鹑外飞。若出现落地鹌鹑，应及时将其抓回；若脚趾有粪，需清理消毒后才能放回。

56 鹌鹑育成期的饲养管理要点有哪些？

鹌鹑育成期为15～40日龄，这一阶段仔鹑生长强度大，尤以骨骼、肌肉、消化系统组织器官和生殖系统组织器官生长为快。其饲养管理的主要任务是控制其标准体重和正常的性成熟期，同时要进行严格的选择和免疫工作。

（1）温度与湿度　从第15天开始，每半天下降1℃，直至18℃，维持至开产。湿度保持在50%～60%。

（2）饲养密度　在笼养条件下，15～28日龄的饲养密度为100～120只/米^2，28日龄后减至70～90只/米^2。高床网养条件下，15～28日龄的饲养密度为30～50只/米^2，28日龄后改为25～35只/米^2。

（3）光照　仔鹑在饲养期间需适当“减光”，不需要育雏期那样长的光照时间，只要保持10～12小时的自然光照即可。在自然光照时间较长的季节，甚至需要把窗户遮上，以使光照时间保持在规定时间内。

（4）限制饲喂　对于种用仔鹑和蛋用仔鹑，为确保仔鹑日后的种用价值和产蛋性能，避免肥胖、早熟，造成早产，产无精蛋、畸形蛋，受精率低等不良现象，需对22～35日龄的母仔鹑进行限制饲养。其方法是定期称重，与标准体重对照，作为限制饲料程度的依据，适时调整饲粮；控制日粮中蛋白质含量为20%；定时、定量饲喂，每次不宜喂得过饱，每只鹌鹑每天仅喂标准料量的80%，约半小时吃完，每天喂2次。

（5）饮水　保证自由饮水，水质优良，不能断水，每天清洗1次水槽，同时消毒水槽。

（6）清洁与消毒　鹑舍每天清洁卫生1次，打扫前注意对地面洒水，避免尘土飞扬，2～3天清除粪便1次，2～5天使用消毒液喷洒1次。

（7）及时转群　转群一般在28～30日龄，在转群前应做好成鹑舍、成鹑饲料等的各种准备工作。

在转成鹑笼前3天，可将成鹑笼用的料槽、水槽挂入育雏箱内提前适应，成鹑舍的温度要和育雏舍的温度相同。成鹑笼的料槽、水槽要相应低一些，以便仔鹑采食和饮水。上笼前后可在饮水中加入一些抗应激药物如电解多维等，以提高仔鹑的体质。

转群时动作需轻，最好在夜间进行转群，及时供应饮水和饲料，保持环境安静。在转群的同时，应把瘦小体弱的仔鹑单独饲养，并对公鹑进行一次严格挑选。

（8）疫苗免疫　25～28日龄时，进行新城疫和传染性支气管炎疫苗的第2次免疫，仍可选用新支二联冻干疫苗，采取滴鼻、滴眼、滴口、喷雾等途径免疫。

38～40日龄时，进行传染性法氏囊炎和禽流感疫苗的第2次免疫，传染性法氏囊炎冻干疫苗饮水免疫，禽流感油乳剂灭活苗皮下或肌内注射。

结合本地疫情和本场的流行病学情况，在20～35日龄时，决定是否需要进行禽大肠杆菌病、禽巴氏杆菌病、球虫病等疫苗的接种。

（9）其他饲养管理

①公、母鹌鹑最好分开饲养：一般1月龄左右的鹌鹑从外貌上可分辨出公母，公、母鹌鹑宜分开饲养。除种用公鹑外，其余公鹑

与质量差的母鹑均可转入育肥笼，进行育肥。

②做好驱虫工作：在 40 日龄时，大约已有 2%的鹌鹑开产，但大多数鹌鹑在 45～55 日龄开产。因此，30～35 日龄时需使用左旋咪唑、伊维菌素等驱虫药集中驱虫 1 次。

57 鹌鹑产蛋期的饲养管理要点有哪些？

成年鹌鹑一般指 40 日龄以后的鹌鹑，其饲养目的是获得优质高产的种蛋、种雏及食用蛋。鹌鹑产蛋期一般为 40～300 日龄。成年鹌鹑因生产目的不同，可分为种用鹑和蛋用鹑，二者的日常管理在配种技术、笼具规格、饲养密度、饲养标准等方面有所不同。

（1）种鹑的选择　要求种鹑目光有神，姿态优美，羽毛光泽，肌肉丰满，皮薄腹软，头小而圆，嘴短，颈细而长。

1）母鹑　体格健壮，活泼好动，食量较大，无疾病。

①产蛋力强：蛋用鹑年产蛋率应达 80%以上，肉用鹑年产蛋率也应在 75%以上。统计鹌鹑产蛋力时，一般不等到一年产蛋之后统计，可以统计开产后 3 个月的平均产蛋率和月产蛋量，对月产蛋量 24～27 枚及以上者即判定为符合上述要求。

②体格大：成年母鹑体重以 130～150 克为宜。腹部容积大，耻骨间有两指宽，耻骨顶端与胸骨顶端有三指宽，产蛋力则高。这种检查方法仅对母鹑第一产蛋年可行，母鹑年龄越大，腹部容积越大，但其产蛋量却越小。

2）公鹑　公鹑的品质对后代影响较大。公鹑要求叫声洪亮，稍长而连续。体壮胸宽，体重 110～130 克。选择时主要观察肛门，应呈深红色，隆起，手按出现白色泡沫说明已发情，一般公鹑到 50 日龄会出现这种现象。公鹑爪应能完全伸开，否则交配时易滑下，影响交配，降低受精率。

（2）公母配比及利用年限　根据育种或生产的需要，鹌鹑的公母配比有所差异。可选用单配（公母配比 1∶1）或轮配（公母配比 1∶4），小群配种［公母配比 2∶（5～7）］，大群配种（公母配比 10：30）。公母配比是保证种蛋受精率的关键措施之一。公鹑数量不足，受精率下降；公鹑数量过多，会增加不必要的开支，甚至公鹑之间会相互争配而干扰鹑群正常生活，受精率反而下降。

鹌鹑的利用年限，公鹑与产蛋鹑仅为 1 年，种母鹑则以 0.5～2 年不等，主要取决于产蛋量、蛋重、受精率以及经济效益、育种价值等。一般情况下，第二个产蛋生物学年度的产蛋量会下降 15%～20%，所以应及时补充新鹑。种母鹑由于产蛋初期的蛋重小，受精率低，而产蛋后期又因蛋壳质量下降，孵化率低，这两个时间段所产的种蛋均不宜留用。在生产实践中对蛋用型种母鹑仅用 8～10 个月的采种时间；对肉用型种母鹑的采种时间则更短些，仅为 6～8 个月。

（3）母鹑的产蛋规律　母鹑一般于 40 日龄左右开始产蛋，一般 1 个月以后即可达到产蛋高峰，且产蛋高峰期长。鹌鹑当天产蛋时间的分布规律是产蛋时间主要集中在午后至晚上 8：00 前，而以午后 3：00—4：00 为产蛋数量最多。

（4）成年鹌鹑的饲料与饲喂　对产蛋鹑必须饲喂全价饲料，其营养需要可参考鹌鹑的营养标准，具体可参阅第四部分问答 40 和问答 41 等。鹌鹑对饲料的质量要求较高，尤其是对饲料中的能量和蛋白质水平要求更高。据试验，日粮中的粗蛋白质水平没有满足产蛋鹑的营养需要前，日粮粗蛋白质水平从 16%开始每提高 1%，其产蛋率可以提高 2.6%，饲料转化率可提高 4.7%。也有报道，在饲料中适当添加酵母粉（0.5%～1%），可以提高鹌鹑的产蛋率 5%左右。在鹌鹑产蛋后期日粮中适当添加颗粒状石粉（颗粒直径 2.0 毫米），不但可以提高蛋壳质量，对提高产蛋率也有明显效果。

产蛋鹑每天采食 20～24 克/只，饮水 45 毫升左右，排粪 30 克左右，但会随着产蛋量、季节等因素而改变。饲料形状有粉料、糊料、粒料等，它们各有优缺点。据试验，在同等情况下，喂糊料组产蛋率比粉料组的高 1%～2%。但糊料添加不方便，且易变质。

增加饲喂次数对提高产蛋率也有较大影响，即便是槽内料，也应经常匀料或添加一些新料，每天饲喂 4～5 次，以增强鹌鹑的食欲。

（5）成年鹌鹑的饲养管理

①舍温：舍温适宜是促使鹌鹑高产、稳产的关键。舍温一般要求控制在 18～24℃，当舍温低于 15℃时会影响鹌鹑产蛋；低于 10℃时，鹌鹑停止产蛋，再低则将造成鹌鹑死亡；解决办法是适当增加饲养密度，开启保温设备。夏天舍内温度高于 35℃时，会导致鹌鹑出现采食量减少，张口呼吸，产蛋率下降等；解决办法是降低饲养密度，增加舍内通风等。

②饲养密度：四层垂直鹌鹑笼，建议饲养产蛋鹑 70～90 只/米^2；五层垂直鹌鹑笼，建议饲养产蛋鹑 85～100 只/米^2；六层垂直鹌鹑笼，建议饲养产蛋鹑 100～120 只/米^2。种鹌鹑建议以四层垂直鹌鹑笼为好，饲养密度适当降低，以增加鹌鹑活动空间。

③光照：光照有两个作用，一是为鹌鹑采食照明，二是通过眼睛刺激鹌鹑脑垂体，增加激素分泌，从而促进卵泡发育，增加产蛋率。鹌鹑初期和产蛋高峰期光照应达 15～16 小时，后期可延长至 17 小时；光照强度为 10～20 勒；灯泡放置位置，应注意照顾垂直鹌鹑笼底层笼的光照。

④保持环境安静：鹌鹑胆小、怕惊，很容易出现惊群现象，表现为笼内奔跑、跳跃和起飞。如饲养员工作时动作过于粗暴，车辆的行驶及陌生人的接近等都会引起惊群，造成产蛋率下降及畸形蛋增加。

⑤日常管理：食槽、水槽每天清洗 1 次，每天清粪 1～2 次。门口设消毒池，舍内应有消毒盆。防止鼠、鸟等侵扰，做好日常记录，包括舍鹑数、产蛋数、采食量、死亡数、淘汰数、天气情况、值班人员等。

58 肉用鹑的饲养管理要点有哪些？

肉用鹑是指供肉食之用的鹌鹑，主要包括肉用型的仔鹑，肉用与蛋用杂交的仔鹑，以及需要育肥上市的蛋用鹑。肉用鹑饲养管理的主要任务是获得最佳的饲料报酬，以期获得最好的经济效益。

（1）合理饲喂　肉用鹑在前3周一般采用育雏期间的饲料营养标准，后期适当增加能量含量。一般为自由采食，自由饮水。饲料更换设有平缓过渡期，避免突然更换饲料，以免造成鹌鹑应激反应。为了减少饲料更换的应激影响，最好在更换时前3天喂2份育雏料、1份育肥料的混合料，然后在另外3天再饲喂1份育雏料、2份育肥料，最后过渡到育肥料。鹌鹑体内的脂肪颜色易受饲料影响，可通过饲料添加自然色素或合成色素将白色的脂肪转变成黄色，以迎合市场需要。

（2）保证合理的温度、光照、饲养密度　肉用鹌鹑的保温与育雏鹑的保温相似，主要是“看鹑施温”。温度过低，鹌鹑会增加采食，降低饲料报酬。肉用鹑的光照宜采用暗光，光线太强易产生啄癖、惊群等现象。肉用鹌鹑建议以四层垂直鹌鹑笼为好，饲养密度可适当比种用、蛋用鹑高，建议饲养鹌鹑90～110只/米^2。

（3）合理分群　肉用鹑一般都采用公、母分群饲养。如果出生时难以鉴别，1月龄后仍需按公母、大小、强弱分群饲养育肥。公、母同笼饲养会产生交尾现象，引起骚动。分群饲养还可提高上市时的整齐度，降低残次率，降低料重比，增加经济效益。

59 夏季高温高湿时的饲养管理要点有哪些？

炎热夏季，南方地区气温往往超过33℃，并且持续时间长，有时高温长达1个多月。夏季高温高湿的环境，对鹌鹑影响极大，具体可在环境控制、日粮调控、疫病防控、饲养管理等方面做好工作。

（1）环境控制　夏季养殖场应配备风机和水帘。风机采取时控或温控开启，在鹑舍温度超过32℃时，保证风机开启，维持空气流通顺畅。试验表明，夏季开启水帘可使鹑舍降温5℃左右，降温效果较好。

（2）日粮调控　夏季高温会影响鹌鹑的食欲，导致采食量偏低，营养摄入不足，从而影响生产。为此，应对日粮配方进行调整，适当增加饲料中能量和蛋白质含量，尽量采取高能量高蛋白饲料来保证鹌鹑摄入充足的营养，从而维持生产。也可提高饲料适口性，促进鹌鹑采食。必要时，可通过添加1%～2%油脂，以及适度增加蛋氨酸和赖氨酸来提高鹌鹑营养的摄入量。

（3）疫病防控　①提前做好疫病的疫苗免疫工作，例如对于通过夏季蚊虫传播的疫病如禽痘，一般应在3、4月提前完成免疫工作；对重要传染病如新城疫、禽流感，一般选择在5、6月加强免疫1次，以便夏季鹌鹑有较高的抗体水平。②加强保健工作，可在饲料或饮水中添加保健品，如中草药复方制剂、生物制剂、酸化剂等，可清热解毒，促进消化，增强抵抗力，减少疾病发生。

（4）加强饲养管理

①适度减小密度：可以比平时饲养密度降低20%，减轻负担，增加鹌鹑活动空间。

②及时清除粪便：最好保证2天清理粪便1次，避免鹌鹑粪便产生氨气和臭气，降低污染，改善空气质量。

③提高饮水品质：夏季气温高，饮水管线更容易滋生细菌，应定期清理水线，加强管线的消毒，减少饮水二次污染的风险。饮水中可添加电解质或多种维生素来缓解高温应激。

④喂料时点控制：可以趁早凉和晚凉饲喂鹌鹑，可在5：00—6：00和21：00—22：00等温度较低时间段饲喂，改善鹌鹑的食欲，增加摄入量。

60 冬季防寒保暖的饲养管理要点有哪些？

（1）环境控制　①鹑舍建造方面，有条件的鹌鹑养殖场，应对鹑舍顶棚及周边墙体进行加固，采用防寒保暖专用材料进行设计施工，从基础条件方面做好硬件工作。②门窗防寒保暖，窗户周边缝隙进行加固密封，防止贼风侵入，影响靠近门窗的鹌鹑。门道口上方加用门帘被，覆盖于门板上，门要少开勤关，避免冷风进入鹑舍，造成伤冻。③一般来说，鹑舍温度不能低于10℃，太低时要开启增温设备，以保证生产。

（2）日粮调控　冬季鹌鹑采食量普遍增加10%～20%，若不降低日粮蛋白质水平，会由于蛋白质摄入过多而造成浪费，此时应适度增加饲料能量或提高饲料适口性，同时降低日粮蛋白质水平1%～2%，尽量采取高能量中低蛋白水平的日粮来保证鹌鹑摄入充足营养并维持生产。若有必要，可加1%～2%油脂。

（3）疫病防控　冬季是新城疫和禽流感高发季节，一般选择在9—11月加强免疫1次，保证冬季鹌鹑有较高的抗体水平。同时适当进行保健，可在饲料中添加中草药复方制剂等，增强鹌鹑体质，减少疾病发生。

（4）加强饲养管理

①喂料次数控制：尽可能让鹌鹑自由采食，保证余料充足。不能做到自由采食的，应尽量增加喂料次数和喂料量。有必要时，可在温度较低的午夜或凌晨对鹌鹑进行补喂。

②饮水控制：应尽可能避免饮水管道结冰断流，保持管道内水体流动，冬季深井水较自来水温度高，可考虑让鹌鹑喝深井水。

③及时清除粪便：冬季门窗紧闭，空气流通差，最好保证5天清理粪便1次，避免鹑舍积聚过多的氨气和臭气，减少空气污染。

61 应激对鹌鹑养殖业生产有哪些危害？

鹌鹑的应激是指鹌鹑在外界因素的刺激下所产生的非特异性反应。

在当前规模化、集约化的鹌鹑养殖场，常见的应激源有惊吓、驱赶、拥挤、斗殴、捕捉、运输、转群、噪声、温度、湿度、振动、通风、营养状况、饲养操作、换料、光照、防疫接种、疾病感染等。在实际生产中，应激源会使鹌鹑产生强或弱的应激反应，并最终影响到鹌鹑生产性能潜力的发挥。其中，以高热、温度忽冷忽热、营养不良、疾病感染及防疫接种对鹌鹑养殖业带来的经济损失最大。

（1）温度、湿度应激因素　在影响鹌鹑生产性能的外界因素中，温度、湿度是比较重要的应激源。温度、湿度的较大波动会导致鹌鹑产生应激反应，严重时会导致鹌鹑发生代谢紊乱。由于鹌鹑无汗腺，又长有羽毛，在夏季持续高温的应激下，鹌鹑只能通过加快呼吸频率和血液循环来促进散热。研究表明，鹌鹑在高温、高湿环境中，呼吸频率可加快78%，氧化作用加强，脂肪、蛋白质分解加快，产热量增加，导致呼吸供氧不足。由于消化道的蠕动加强，胃液、肠液、胰液分泌异常，肝糖原生成受阻，胃肠消化酶的作用和杀菌能力减弱，肝脏解毒功能减弱，鹌鹑热平衡受到破坏，整体抵抗力下降，易发生疾病。

当环境温度高于33℃时，公鹑的精液质量下降，精液中精子数减少，活力降低。高温对母鹑的发情、配种也有一定影响，母鹑交配意愿下降，从而影响到种蛋的受精率。

（2）营养因素　营养不良或营养过剩都会对鹌鹑身体的各种功能产生不利影响。长期营养不良将导致促肾上腺皮质激素和皮质类固醇激素的分泌不足，从而使机体对疾病的抵抗力下降。此外，鹌鹑采食不足或处于半饥饿状态下时，胃肠蠕动减缓，胃液分泌减少，对蛋白质、脂肪和碳水化合物的消化不完全，引起消化紊乱，使胃肠道中腐败菌迅速增殖，其中小肠微生物群落的改变会引起腹泻，导致鹌鹑消瘦，抵抗力下降，易感性增加，易发生疾病。

（3）疾病感染应激　随着规模化、集约化养殖的不断发展，疾病发生的风险不断加大，一旦管理或防疫不到位，则易暴发疾病。疾病可直接导致鹌鹑采食量下降，生长速度减缓或体重下降，机体免疫应答能力降低，抵抗力、生产性能下降，严重者会引起大批量死亡。在鹌鹑发生疾病时，投放的药物也可能会产生较强的应激反应。

（4）防疫应激　防疫过程中捕捉、采血、接种、打针和灌药等会引起鹌鹑应激。鹌鹑养殖生产中防疫是不可避免和必不可少的，采用喷雾或饮水免疫方法可将应激降至最低。

在鹌鹑养殖生产过程，应尽可能保持各种环境因素适宜、稳定或渐变，按操作规程要求进行日常饲养管理，注意饲养密度适中，并给鹌鹑提供充足的饮水。接近鹌鹑时提前给以信号，动作要轻。免疫接种和打针用药时尽可能在夜晚弱光下捉鹌鹑，动作轻柔，并轻拿轻放。谢绝参观人员和其他工作人员进入鹑舍。移群也尽量安排在夜晚进行。换料要渐进性进行，尽量避免突然更换饲料。注意天气预报，对高温或寒流要及早预防。当预知鹌鹑将受到应激影响时，可采取在饲料中添加维生素 A、维生素 E 及功能性饲料添加剂等措施，尽可能地减少应激对鹌鹑生产的影响，提高养殖效益。

62 鹌鹑饲养过程中如何进行危害分析?

对饲养过程进行危害分析、控制和管理，可加强饲养环境整治和疾病综合防治，减少饲养环境有害生物及养殖过程中药品的使用，实施合理的休药期，有效解决养殖过程中的疾病控制和药物残留等问题，从而在源头上保证产品质量的安全性。可根据鹌鹑饲养流程、危害的种类，对鹌鹑饲养全过程进行危害分析，并制订具体的防治措施（表 5-1)。

国家标准《良好农业规范　第 10 部分：家禽控制点与符合性规范》(B/T 20014.10—2013）是针对鸡制定的，目前尚无鹌鹑生产规范。鹌鹑目前采取规模化、集约化、机械化饲养，与鸡的养殖模式基本相同，家禽控制点与符合性规范生产中的舍内饲养、全进全出制、人工孵化及育雏阶段等模式同样可适用于鹌鹑。不过，鹌鹑生活习性与鸡还是有差异，鹌鹑残存野性、富有神经质、体型小、产蛋早等特点，在借鉴家禽控制点与符合性规范基本原则的基础上，需结合鹌鹑生活习性及生产实际，先将日常工作中重点控制的对象，以及可能带来危害的因素统计出来，构成一份危害控制点清单，然后再评价当前控制方法是否充分合理，在此基础上补充完善，构成一个独立完整的鹌鹑生产管理体系。

表 5-1　鹌鹑饲养过程危害分析

项　目	确定本步骤引入、控制或增加的危害	潜在的食品安全危害是否显著（Y/N）	对此项的判断依据	防止危害采用的预防措施	本步骤是否为关键控制点（Y/N）
引　种	生物性（病原菌、病毒、寄生虫、其他）	Y	种鹑饲养、运输过程造成感染	引种时，须从具有种畜禽生产许可证的种鹑场引进种鹌鹑；并索取其经营许可证、检疫证、消毒证和非疫区证明；引进之后需隔离观察30天以上，经兽医部门检查确定健康合格后方可合群饲养	Y
	化学性 无	N			
	物理性 无	N			
饲料验收	生物性（病原菌、病毒、寄生虫、其他）	Y	饲料生产、保存过程造成污染	按 GB 13078 要求执行；饲料添加剂须购于具备饲料添加剂生产许可证和产品批准文号的供应商；向供应商索取不含违禁药物的承诺书；不使用变质、霉败、生虫或被污染的饲料	Y
	化学性（兽药、农药、毒素、激素、重金属的残留）	Y			
	物理性 无	N			
饮水质量检查	生物性（病原菌、病毒、寄生虫、其他）	Y	开放式盛水容器，容易造成污染	经常有充足水源。水质符合 GB 5749 要求；源头贮水罐应加盖；经常清洗消毒饮水设备，避免病原滋生；在气候恶劣情况下能保证水的供应	Y
	化学性（兽药、农药、毒素、激素、重金属的残留）	N			
	物理性 无	N			

（续）

项　目	确定本步骤引入、控制或增加的危害	潜在的食品安全危害是否显著（Y/N）	对此项的判断依据	防止危害采用的预防措施	本步骤是否为关键控制点（Y/N）
兽药验收	生物性（病原菌、病毒、寄生虫、其他）	Y	兽药生产与销售过程不符合相应要求	兽药应购于具备兽药生产许可证、产品批准文号或者进口兽药许可证的供应商，且应符合《兽药管理条例》的规定；向供应商索取不含违禁药物的承诺书	Y
	化学性（兽药、农药、毒素、激素、重金属的残留）	N			
	物理性 无	N			
饲料贮存和供应	生物性（病原菌、病毒、寄生虫、其他）	Y	不符合相应的贮存条件、操作失误造成污染	提供洁净、干燥、无污染的贮存条件；饲料添加剂按标签所规定的用法和用量使用；饲料中不直接添加兽药原料药	Y
	化学性（兽药、农药、毒素、激素、重金属的残留）	Y			
	物理性 无	N			
兽药贮存	生物性 无	N	不符合相应的贮存条件、操作失误造成污染	按标签所规定提供适宜贮存条件	N
	化学性 无	N			
	物理性 无	N			

（续）

项　目	确定本步骤引入、控制或增加的危害	潜在的食品安全危害是否显著（Y/N）	对此项的判断依据	防止危害采用的预防措施	本步骤是否为关键控制点（Y/N）
种鹌鹑饲养管理	生物性（病原菌、病毒、寄生虫、其他）	Y	水平与垂直传染性疾病造成的感染	依照生态健康养殖要求提供良好的环境、饲料、管理；需要用药时，严格按标签规定的用法与用量使用；种群做好新城疫和禽流感抗体检测；病鹌鹑淘汰	Y
	化学性（兽药、农药、毒素、激素、重金属的残留）	Y			
	物理性 无	N			
配对管理	生物性（病原菌、病毒、寄生虫、其他）	Y	水平与垂直传染性疾病造成的感染	依照生态健康养殖要求提供良好的环境、饲料、管理；需要用药时，严格按标签规定的用法与用量使用；病鹌鹑淘汰	N
	化学性 无	N			
	物理性 无	N			
孵化管理	生物性（病原菌、病毒、寄生虫、其他）	Y	孵化过程中发生交叉感染	依照生态健康养殖要求提供良好的环境、饲料、管理；需要用药时，严格按标签规定的用法与用量使用	N
	化学性 无	N			
	物理性 无	N			

（续）

项　目	确定本步骤引入、控制或增加的危害	潜在的食品安全危害是否显著（Y/N）	对此项的判断依据	防止危害采用的预防措施	本步骤是否为关键控制点（Y/N）
育雏管理	生物性（病原菌、病毒、寄生虫、其他）	Y	育雏过程中发生交叉感染	依照生态健康养殖要求提供良好的环境、饲料、管理，提高机体抗病力；需要用药时，注意休药期并严格按标签规定的用法与用量使用；病鹌鹑淘汰	Y
	化学性（兽药、毒素、激素、重金属的残留）	Y			
	物理性 无	N			
育成管理	生物性（病原菌、病毒、寄生虫、其他）	Y	饲养过程中发生交叉感染	依照生态健康养殖要求提供良好的环境、饲料、管理，提高机体抗病力；需要用药时，注意休药期并严格按标签规定的用法与用量使用；病鹌鹑淘汰	Y
	化学性（兽药、毒素、激素、重金属的残留）	Y			
	物理性 无	N			
销售、装车	生物性（病原菌、病毒、寄生虫、其他）	Y	检疫不合格	根据 GB 16549 执行，并出具检疫证明，不得出售病鹌鹑、伤残鹌鹑	Y
	化学性 无	N			
	物理性 无	N			

（续）

项　目	确定本步骤引入、控制或增加的危害	潜在的食品安全危害是否显著（Y/N）	对此项的判断依据	防止危害采用的预防措施	本步骤是否为关键控制点（Y/N）
运输	生物性（病原菌、病毒、寄生虫、其他）	N		运输车辆在运输前和使用后要用消毒液彻底消毒；运输途中不在疫区、城镇和集市停留、饮水和饲喂；需要时，使用安全的饲料、兽药和饮水	N
	化学性 无	N			
	物理性 无	N			

六、人工孵化技术

63 人工孵化对鹌鹑养殖业有何重要意义？

鹌鹑属卵生动物，其胚胎期是在母鹑体外通过孵化来完成发育的。因长期选育的结果，家鹑几乎丧失了就巢性，甚至恋蛋和护蛋行为也消失了，所以家鹑的孵化都依赖人工孵化法。

人工孵化是鹌鹑实现高效繁育性能的重要一环，更是鹌鹑产业实施规模化、集约化、机械化、智能化、自动化和标准化的必然要求。

鹌鹑蛋的孵化率与健雏率是鹌鹑养殖业的重要技术指标和经济指标，而孵化率又与种鹑的健康状况、饲料质量、种蛋贮存时间、孵化设备质量、孵化工艺的完善程度、孵化室的结构和孵化人员的素质等有关。鹌鹑人工孵化技术是鹌鹑高效养殖关键技术之一，积极开展其研究和应用，对提高鹌鹑品质、生产性能和养殖效益都具有重大价值。

64 孵化场选址和规划布局有什么要求？

孵化场选址应因地制宜，要求地势较高、交通方便、水电资源充足，周围环境清静，空气新鲜，场区周围最好是绿树成荫。孵化场应是一个独立的场所，远离主要交通干线 500 米以上，远离市中心、居民区等人口密集的区域，更要远离震动较大、粉尘严重的工矿区，养殖场，屠宰场，电镀厂，农药和化工厂等污染严重的企业，以防发生胚胎震伤、中毒、感染疾病等事故。

孵化场的布局必须严格按照“种蛋→种蛋消毒→种蛋积存→种蛋处置（码盘等）→孵化→移盘→出雏→雏鹑处置（公母鉴别、疫苗接种）→雏鹑存放”的生产流程进行规划，设计鹌鹑蛋接收处理室、孵化机室、出雏机室、出雏室、储藏室（包括发电机房等）、洗涤室等功能区域。鹌鹑蛋接收处理室、洗涤室及储藏室应与孵化机室、出雏机室和出雏室隔开，洗涤室处于下风向。较小的孵化场可采用长条流程布局；但大型孵化场，则应以孵化室、出雏室为中心，根据生产流程确定孵化场的布局，安排其他各室的位置和面积，以减少运输距离和工作人员在各室之间不必要的往来，提高房室的利用率，有效改善孵化效果。

65 孵化场的建设有什么要求？

屋顶要铺设防水材料，以防漏雨，最好在下面再铺一层隔热保温材料，夏季能有效防止室内高热；冬季利于保温，天花板不产生冷凝水滴。孵化场的天花板、墙壁、地面最好用防火、防潮的建筑材料，应坚固耐用，以便于高压冲洗和消毒。地面和天花板的距离以 3.4～3.8 米为宜。地面要平整光洁，便于清洁卫生和消毒。在适当地方设下水道，以便排出室内冲洗液。

孵化室和出雏室最好是无柱结构，这样能使孵化机固定在合适的位置上，便于工作，也有利于通风。

孵化室应坐北朝南。门高约 2.4 米、宽 1.2～1.5 米，以便于搬运种蛋和雏鹑出入。门以密封性好的推拉门为宜。窗为长方形，要能随意开关。南面（向阳面）窗的面积可适当大些，以利于采光和保温，窗的上面、下面都要留活扇，以根据情况调节室内通风量，保持室内空气新鲜。窗户与地面的距离 1.4～1.5 米。北墙上部应留小窗，距地面 1.7～1.9 米。孵化室和出雏室之间应建移盘室，这样一方面便于移盘，另一方面能在孵化室和出雏室之间起到缓冲作用，便于孵化室的操作管理和卫生防疫。有的孵化室和出雏室仅一门之隔，且门不密封，出雏室污浊的空气很容易污染孵化室，尤其是出雏时，将出雏车或出雏盘放在孵化室，更容易产生交叉污染。

安装孵化机时，孵化机之间的距离应在80厘米以上，孵化机与墙壁之间的距离应不小于1.1米（以不妨碍码盘和照蛋为原则），孵化机顶部距离天花板的高度应为1～1.5米。

根据孵化量来选择合适容量的孵化机和出雏机，孵化机及出雏机要求控温精确度高、稳定性好，便于操作管理。配备清洁消毒设备、照蛋设备、温度仪、湿度仪、蛋盘车、备用发电机及日常加水用具等。

66 孵化场的通风系统安装有什么要求？

通风换气系统的设计和安装不仅要考虑为室内提供新鲜空气和排出二氧化碳、硫化氢及其他有害气体，同时要将温度和湿度协调好，不能顾此失彼。因各室的情况不同，最好各室单独通风，将废气排出室外。至少孵化室与出雏室应各自设一套单独的通风系统。温度、湿度及通风的相关技术参数见表6-1、表6-2。为减少空气污染，出雏室的废气排出之前，应先通过带有消毒剂的水箱后再排出室外，否则，带菌的绒毛污染空气，扩散至孵化车间和其他各处，可能造成大面积的污染。研究表明，经过有消毒剂的水箱过滤，可消灭气体中99%的病原微生物，大幅度改善空气质量，有利于提高孵化率和雏鹑品质。

孵化场的洗涤室内以负压通风为宜，其余各室均以正压通风为宜。

表6-1　孵化场各室每千枚蛋空气流量

室外温度（℃）	种蛋处置室（米^3/分钟）	孵化室（米^3/分钟）	出雏室（米^3/分钟）	雏鹑存放室（米^3/分钟）
−12.2	0.06	0.20	0.43	0.86
4.4	0.06	0.23	0.48	1.14
21.2	0.06	0.28	0.51	1.42
37.8	0.06	0.34	0.71	1.70

表 6-2　孵化场各室的温度、湿度及通风技术参数

室　名	温　度（℃）	相对湿度（%）	通　风
孵化室、出雏室	24～26	70～75	最好采用机械通风
雏鹑处置室	22～25	60	有机械通风
种蛋处置兼预热	10～24	50～65	人感到舒适为宜
种蛋贮存室	10～18	75～80	无特殊要求
种蛋消毒室	24～26	75～80	有强力排风扇
公母鉴别室	22～26	55～60	人感到舒适

67 如何提高种鹑蛋合格率？

鹌鹑具有择偶性强、喜啄斗、体型小等特点，蛋重小、蛋壳薄，鹌鹑蛋的合格率和受精率常常受到影响。影响种蛋合格率的因素主要有种鹑品种、蛋壳质量、破损率、蛋重、受精率，以及种蛋的收集、消毒、保存等。为此，必须采取综合性技术措施，提高种蛋合格率，以便能提供更多健壮的雏鹑。

（1）选养优良品种（系）

①品种纯正：鹌鹑品种的质量直接影响到种蛋的品质，对经济效益影响较大。目前国内鹌鹑供种单位相对集中，品质较为优良，但也存在部分个体户或孵坊自繁自养、选育技术差、引种成本过高、近交繁殖等，导致品种不纯和退化现象，然后鱼目混珠地流向市场。为此，引种时应注意考察，并查验种畜禽生产许可证，避免引入的种鹑品种不纯。

②选养蛋壳品质良好的鹌鹑品系：蛋壳质量直接关系到种蛋破损率和孵化率，值得重视。蛋壳质量与遗传相关，在选种时应注意选购蛋壳良好的品种（系）。

（2）提供全价饲料，保证种鹑的营养需要　应根据鹌鹑营养需要标准，结合本品种（系）特性和本场的实际情况，配制营养全面的全价饲料，满足鹌鹑对营养的需要，增强体质，从而生产出符合品种（系）标准蛋重的种蛋。种鹑的日粮除了应满足所需的能量和

蛋白质外，还要注意影响蛋壳质量的矿物质元素和维生素的添加，尤其是钙、磷、锰、维生素 D_3，有效地提高蛋壳质量，降低破蛋率，提高种蛋合格率。

①钙和磷：日粮中钙的含量影响蛋壳厚度和强度，低于2%时蛋壳质量降低，高于2.5%时蛋壳厚度和蛋比重增加。但钙的含量过高，如超过4.5%时，日粮适口性差，鹌鹑采食量降低而影响产蛋量，同时增加肾脏负担，严重时引起痛风而威胁生命。需根据鹌鹑品种营养需要、生产阶段等制订日粮中合理的钙含量，一般种鹑日粮中钙含量为2.5%～3.25%。日粮中磷的含量过高或过低均能降低蛋壳强度，通常有效磷的含量为0.35%～0.40%较为适宜。在产蛋前期给予较高水平的磷能防止笼养鹌鹑产蛋疲劳综合征的发生，产蛋率低于70%时降低磷的含量能改善蛋壳品质。

②锰：饲料标准中规定锰的需要量为每千克饲料100毫克，当日粮中锰的含量低于10毫克时，蛋壳质量降低。

③维生素 D_3：饲料标准中规定维生素 D_3 的需要量为每千克饲料2 000国际单位。当维生素 D_3 缺乏时，蛋壳变薄、强度降低，甚至产软壳蛋。特别是在产蛋后期，鹌鹑对钙的吸收能力稍有降低时，不仅要提高钙的含量，而且要提高维生素 D_3 的含量。

（3）加强饲养管理

1）控制初产蛋的蛋重

①控制母鹑体重：影响初产蛋蛋重的一个重要因素是母鹑在开产时要达到标准体重，如达不到标准体重则会产小蛋。但母鹑在开产时也不能超过标准体重，若体重过大，则易产大蛋，储积脂肪过多，产蛋时易发生困难，且产蛋率低，自身维持耗能高，降低了饲料效能。为此，在22～35日龄时，应对仔鹑进行限饲，以控制母鹑的体重。

②控制开产日龄：种鹌鹑的开产日龄直接影响初产蛋的大小，开产越晚所产蛋越大。目前，运用各种饲养管理技术措施（如育成期控光、限饲等）可以推迟鹌鹑的开产日龄，以生产大小适宜的种蛋，防止因过早开产而产小蛋。

2）给予合理的光照　合理的光照时间和光照强度能提高蛋壳强度，是减少破损蛋、无壳蛋、软壳蛋的有效途径之一。生产上忌光照不足和光照无规律。

3）防止出现啄蛋癖　具有啄蛋癖的鹌鹑能直接啄破、啄伤蛋壳，降低种蛋的合格率。注意平时不要让鹌鹑直接吃到蛋壳、软壳蛋，以防养成啄蛋习惯；另外，注意鹑舍的灯光亮度不要太强，日粮内各种营养成分要均衡，尤其不能缺乏维生素 E、微量元素硒。

4）防应激　鹌鹑天生胆小，突然发生的噪声，猫、犬、鼠等动物的窜入，冷热刺激，疫苗接种等应激都会使蛋壳质量下降（色泽变浅，甚至变白；蛋壳变薄，甚至产软壳蛋），致使种蛋不合格。在饲养中要尽量避免各种应激刺激，免疫接种前后各一天饮水中要添加速补-14 或电解质多维，以缓解应激反应。

5）夏季要预防蛋壳质量下降　气温越高，鹌鹑的采食量越小，获取钙、磷等营养物质不足，致使蛋壳质量降低，故在夏季蛋的破损率会升高。要采取如下措施加以预防：①为鹑舍降温；②提高日粮中矿物质、蛋白质、维生素等的浓度，同时将每天第一次喂料时间尽量提前，最后一次喂料时间尽量拖后，使鹌鹑能在舍温相对较低时吃料；③在饲料中添加 0.3%～0.5%碳酸氢钠，碳酸氢钠能够减缓呼吸性碱中毒，提高鹌鹑的抗应激能力，改善蛋壳质量。

（4）严格执行疾病防控措施　新城疫、传染性支气管炎、慢性呼吸道病和输卵管炎等疾病都会使产蛋量下降，蛋壳变薄，甚至产软壳蛋。为此，应根据兽医卫生防疫要求，制订疫病综合性防治措施，做好疫苗免疫和消毒工作，防止疾病发生。

（5）选择设计合理的鹌鹑笼　产蛋鹑笼底网的选择要注意如下几个问题：底网弹性要好，镀锌冷拔丝直径不应超过 20 毫米，笼底蛋槽的坡度不大于 8°，每个单体笼装鹌鹑不超过 10 只，每只鹌鹑占笼底面积不小于 20 厘米^2，且各交叉处不能有焊接的痕迹。优质笼具的破蛋率低，一般可控制在 2%以下，有些价低质差的鹌鹑笼破蛋率可超过5%，所以良好的养鹑设备也是提高种蛋合格率的一个关键因素。

（6）提高种蛋受精率

1）合理的配比　鹌鹑因体型小、翻肛和采精困难、采集的精液极少（仅0.01毫升）等问题，生产上无法开展人工授精技术，多选择自然交配。鹌鹑交配比例对种蛋受精率影响很大。凡作个体记录的，公母配比为1∶1，受精率较高，适合祖代种鹑场；小群配种建议采取公母配比1∶（2～3）或2∶（6～7），受精率比较高，适合育种场；中群配种建议采取公母配比5∶（15～16），适合一般种鹑场，利于在公鹑间建立比较稳定的优势等级，受精率也较高。也可选择辅助交配，公母单笼分开饲养，待母鹑产蛋后，采取公母配比1∶16，将公鹑捉至母鹑笼内自行交配，一般10～15分钟后将公鹑捉回原笼内；也可将母鹑捉至公鹑笼内交配。公鹑每天交配4次，时间应分隔开；母鹑每4天交配1次。

2）公母鹑的使用年限合理　鹑群处于产蛋高峰期的种蛋受精率与孵化率明显高于开产初期与产蛋末期；初生雏的质量亦然，一般3～7月龄的留种最佳，不仅受精率高，而且雏鹑个体强壮，成活率也高。

3）不要忽视种公鹑这一重要角色

①树立种公鹑的优势地位：在选种和选配后，转入种鹑笼时，应选择具有繁殖力强的公鹑先放入，数日后再将母鹑放入，以免母鹑欺负公鹑，有利于交配受精。实践证明，公鹑间也经常啄斗以确立优势顺序地位，在中群配种时，宜增加1只公鹑，以弥补最弱势地位的那只公鹑失配空缺，从而保持正常配比。

②定期更换种公鹑：除有公鹑等级优势外，似乎配偶选择与被选择的习性已淡化，另与公鹑一心沉醉于交配欲也有关。在配种期，每隔1～3月将原配种公鹑淘汰，补充已经具有交配能力的新的年轻公鹑，以保持较高的受精率。但公鹑必须是原来同笼饲养，在夜间交换，以免引起应激和打斗。

③饲料中加入保健品添加剂：在饲料中添加大蒜（或大蒜素）、

益生素等保健品添加剂，可使种公鹁性欲旺盛，精液品质好，明显提高受精率。

④控制好舍内温度：在低温（15℃以下）时，公鹁不爱活动，影响交配。

⑤控制好疾病：公鹁的睾丸炎会在交配时传染给母鹁，引起母鹁出现输卵管炎。

4）雏鹁断翼术的应用　据林其騄等试验表明，断翼组的种蛋受精率比未断翼的高16%以上。

（7）做好种蛋的收集、消毒、保存工作　种蛋要定时收集，每日至少集蛋2次。每栋鹌鹁舍要将每次所捡种蛋及时熏蒸消毒后（每栋鹌鹁舍一端应设有暂时储蛋场所，并设小批量种蛋熏蒸消毒柜，以便将种蛋及时消毒处理），再交种蛋库。种蛋送入蛋库后应及时进行第二次消毒，以减少污染概率。种蛋熏蒸消毒方法是：甲醛14毫升/米^3、高锰酸钾7克/米^3、水14毫升/米^3，放入搪瓷或陶瓷容器内自然蒸发，在环境温度22℃、相对湿度75%下，维持30分钟。

种蛋的贮藏时间从产出之日算起不应超过7天，理想的贮藏时间是5天或更短。储存环境要求温度在15℃左右，相对湿度78%左右，通风良好，防鼠、防虫。若种蛋贮藏超过5天，除要降低环境温度（降到12℃）外，还要每日翻蛋，否则会影响孵化率。

68 人工孵化操作流程和操作要点是什么？

人工孵化操作流程见图6-1。

（1）捡蛋　对种鹁舍进行编号，饲养员每天捡蛋，在蛋上用铅笔写上鹁舍号和捡蛋日期，并将数据记入生产数据表。

（2）收蛋　一般季节孵化室每天上、下午各1次，派车到鹁舍收集饲养员捡的蛋，夏季将捡的蛋及时送入种蛋库。

（3）码蛋　入孵的鹌鹁蛋须经过仔细挑选，从蛋重、形状、蛋壳质量及壳色等几个方面判定，挑出蛋壳破损、畸形、砂壳、双黄、蛋壳表面受污染、无光泽及蛋重低于10克的蛋，对符合品种

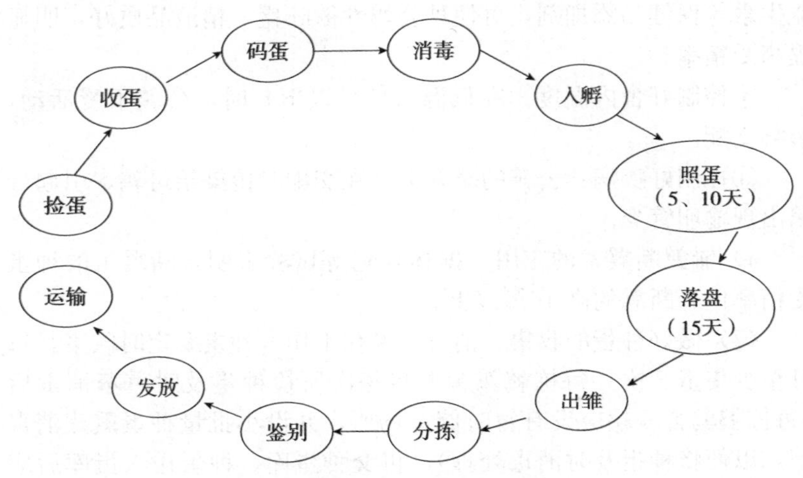

图 6-1　人工孵化操作流程

（系）标准的蛋认定为合格蛋，留作种用。鹌鹑蛋以平放的形式码放，将码好的鹌鹑蛋整盘放在蛋车上，做好各种登记和标识。

（4）消毒　将蛋车推入消毒柜内进行消毒，消毒液的配制为甲醛 14 毫升/米^3、高锰酸钾 7 克/米^3，熏蒸时间为 30 分钟。

（5）入孵　将已消毒好的鹌鹑蛋放入孵化机内入孵，多采取恒温方式孵化，孵化温度冬天 37.8℃、夏天 37.4℃，出雏机以 36.7℃出雏，孵化室的温度应保持在 20℃以上。天气较冷时可提前 12 小时将入孵蛋推至孵化室预热，以蒸发蛋表面的水分，防止种蛋带水珠入孵，一般预热到 30～35℃再入孵。鹌鹑胚胎正常发育的特征具体可见表 6-3、图 6-2、图 6-3。

表 6-3　鹌鹑胚胎发育的主要特征

胚龄（天）	照蛋时看到的特征	胚胎发育主要特征
1	蛋黄上有一大圆点，胚盘区扩大	胚胎发育开始，直径为 0.7～1.1 厘米，器官原基出现
2	圆点继续扩大，出现圆形血丝	原始脑泡形成，卵黄囊血液循环出现，心脏开始跳动

（续）

胚龄（天）	照蛋时看到的特征	胚胎发育主要特征
3	卵黄囊血管网发育成蚊虫状	眼球开始着色，爪、翅、尿囊、羊膜囊形成
4	卵黄囊血管网发育成蜘蛛状	头部增大，眼睛发育明显，胚体呈弯曲状
5	血管占蛋面 4/5，整个蛋呈红色，中心点红色较深，眼点黑色清晰	眼睛色素加深，躯体发育，爪、翅开始发育，尿囊血管迅速向锐端延伸，羊水增多，喙部形成
6	可见胎动	躯干增长，尾部明显，上喙尖端有一白色齿状突
7	血管加粗，胚胎时隐时现	胚胎进一步发育，卵黄囊吸收蛋白中的水分后达到最大值，可见眼睑
8	血管加粗，胚胎下沉	背部长出毛囊和绒毛，呼吸系统发育，趾爪分开
9	尿囊血管在蛋锐端合拢	尿囊膜包围蛋的全部内容物，全身出现绒毛，齿状突、爪角质化，雏形形成
10	除气室外，蛋身不透光	胎毛遍及全身，栗羽鹑出现黑色条纹，胚胎开始大量吸收蛋白
11	气室变大，锐端发亮，部分变小	胚胎进一步发育，喙角质化，爪发白
12～14	除气室外，蛋锐端不透光	躯干增长，蛋黄利用加快，脏器、肢体、绒毛继续发育，卵黄囊部分吸入腹内
15	气室变大，歪斜，可见胎动	喙进入气室，开始肺呼吸，卵黄囊继续吸入腹内，有的已啄壳
16	大部分已啄壳，开始出雏	羊膜脱落，尿囊萎缩，卵黄囊全部吸入腹腔
17	大量出雏	初生雏鹑为鹑蛋重的 70%左右

资料来源：引自南京农业大学实验资料，林其騄。

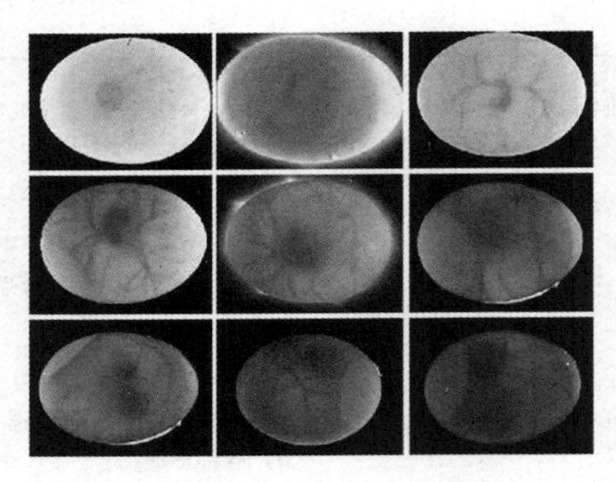

图 6-2　鹌鹑胚胎发育图（第 1～9 胚龄）

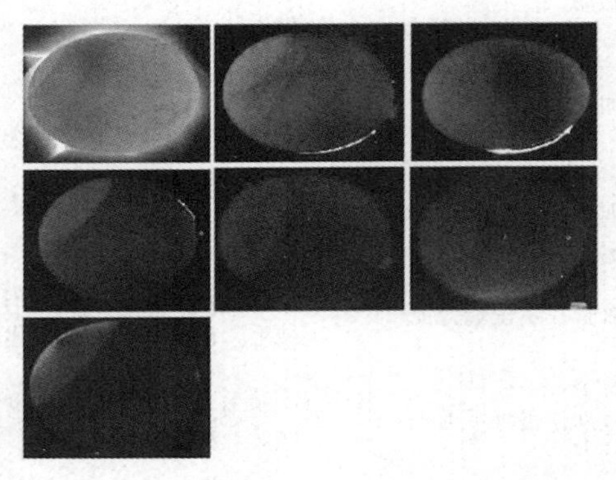

图 6-3　鹌鹑胚胎发育图（第 10～16 胚龄）

（6）照蛋　入孵 5 天后进行第 1 次照蛋，照蛋前先准备手电筒、蛋盆，取出要照的蛋盘，放于照蛋器上，用手电筒逐个照，发育正常的胚蛋，气室透明，其余部分呈淡红色，用照蛋器透视，可看到将来要形成心脏的红色斑点，以及以红色斑点为中心向四周辐射扩散的有如树枝状的血丝。无精蛋的蛋黄悬浮在蛋的中央，蛋体透明。死精蛋蛋内混浊，也可见到血环、血弧、血点或断了的血管，这是胚胎发育中止的蛋，应剔出加以淘汰，并做好登记和标识（图 6-4）。

入孵 10 天后进行第 2 次照蛋，将要照的蛋盘放于照蛋器上，

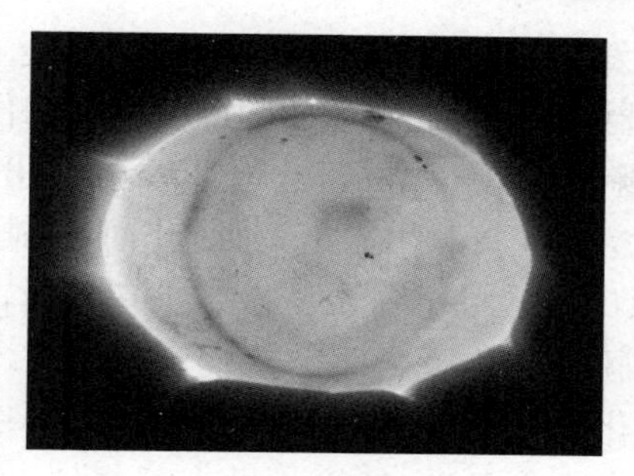

图 6-4 死精蛋

用手电筒逐个照，此时胚胎发育正常的种蛋气室变大且边界明显，其余部分呈暗色。死胚蛋则蛋内显出黑影，两头发亮，易于鉴别。剔出死胚蛋，并做好登记和标识（图 6-5）。

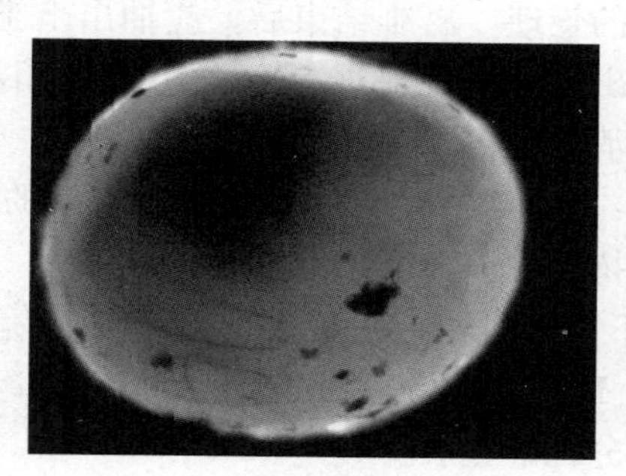

图 6-5 死胎蛋

由于照蛋时间稍长，易使蛋温骤然下降，尤其在冬天，因此必要时增加室温，以免孵化率受影响。如果种蛋的受精率在 90%以上时，可不必照蛋；或头照时证实种蛋受精率很高，也可以不进行二照；这样做既可以减少种蛋的破损率，又可节省劳动力，孵化质量也不受影响。

（7）落盘 落盘前准备好已清洗消毒好的出雏盆，出雏盘应铺垫尼龙窗纱，以减少蛋破损及初生雏鹑腿劈叉。在孵化第 15 天下午（最迟第 16 天早晨）从孵化机内拿出落盘的蛋盘，将鹑蛋放入出雏机的出雏盘中，放入出雏盘内的蛋应平放，间隔适中，以保证通风正常。严禁使用吸蛋机或倒盘机移盘，落盘后便停止翻蛋。

（8）出雏　发育正常的胚胎，落盘时在蛋壳上已有一啄洞突起，于第16天开始出雏。此时应关闭照明灯，遮住出雏机观察窗，以免雏鹑骚动影响出雏。正常每天早上和下午各出雏1次，捡出绒毛已干的雏鹑和空蛋壳；若出雏量大时应增加出雏次数，在孵化满17天时全部结束出雏。对于弱雏要做好护理工作，清理入孵满17天的蛋，登记死胚蛋数量。

采用立体孵化机恒温孵化时，每隔5天入孵一批（在孵化机内注意交叉间隔放入孵化盘），待第4批入孵之日，即第1批落盘之时。据测定，日本鹌鹑自入孵至听到壳内雏鹑的叫声约需380小时（15.8天），从听到叫声至出壳约需10小时，从破壳出雏至胎毛干燥约需5小时，其总的孵化期限为16.5天。

（9）出雏后的管理　出雏结束后，应抽出出雏盘和水盘清洗、消毒备用。清扫出雏机（特别对有轨道的槽），用高压水枪冲洗箱底和箱壁，熏蒸消毒后备用。

①雏鹑分级：在出雏室，对自别雌雄配套系的杂交品种，则按胎毛色彩予以分拣与分级，坚决淘汰血脐、钉脐、大肚、瞎眼、歪嘴（喙）、行走不稳、过小、过轻、弯趾、胶毛等残次畸形雏鹑，出壳时间未超过14小时的雏鹑方能装入运雏箱运输，注意保温。健雏和弱雏的区分标准见表6-4。

表6-4　健雏和弱雏的区分标准

项　目	健雏	弱雏
出壳时间	在正常的孵化期内出壳	过早，或最后出壳，或从蛋壳中剥出
绒　毛	绒毛整洁而有光泽，长短合适	绒毛蓬乱污秽，有时短缺，无光泽
体　重	体态匀称，大小均匀一致	大小不一，过重或过轻
脐　部	愈合良好、干燥，其上覆盖绒毛	愈合不良，脐孔大，触摸有硬块，有黏液，或卵黄囊外露，脐部裸露
腹　部	大小适中，柔软	特别膨大
精　神	活泼，反应灵敏，腿干结实	痴呆，闭目，站立不稳，反应迟钝

（续）

项 目	健雏	弱雏
感 触	抓在手中饱满，挣扎有力	瘦弱，松软，无力挣扎
叫 声	清脆响亮	嘶哑无力

②初生雏鹑雌雄鉴别：在生产实践中，无论采取二元杂交或三元杂交，大多利用伴性遗传的原理，通过杂交雏不同的胎毛颜色鉴别雌雄。但在纯种中的初生雏，则可采取肛门鉴别。

肛门鉴别时姿势要求正确，轻巧迅速，并应在出雏后 6 小时内空腹进行。鉴别时，在 100 瓦的白炽灯光线下，用左手将雏鹑的头朝下，背紧贴掌心，以左手拇指、食指和中指捏住鹑体，并轻握固定；右手食指和拇指将雏鹑的泄殖腔上下轻轻拨开。如泄殖腔黏膜呈黄色，其下壁的中央有一小的舌状生殖突起，则为雄性；否则，如泄殖腔黏膜呈浅黑色，无生殖突起，则为雌性（图 6-6）。

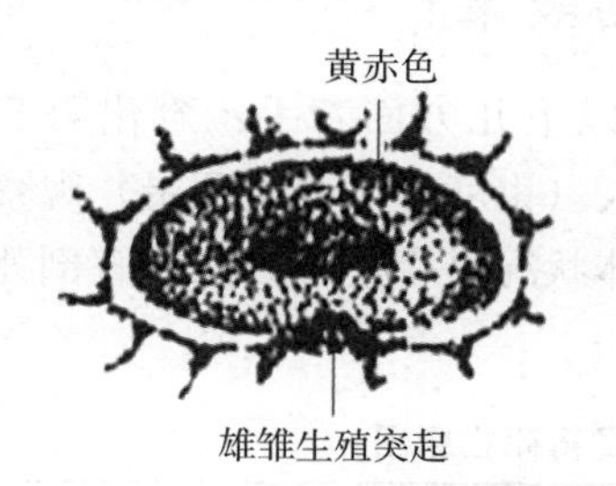

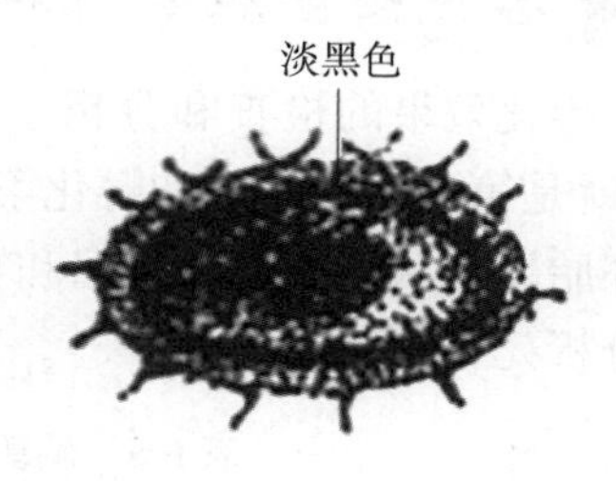

图 6-6　雏鹑雌雄翻肛鉴别（引自林其騄）

69 鹌鹑人工孵化的控制要点有哪些？

（1）温度控制　温度是胚胎发育的首要条件，应根据不同地区的气候和环境温度来调节孵化机的温度。孵化机以恒温方式孵化，孵化温度冬天 37.8℃、夏天 37.4℃，出雏机以 36.7℃出雏，孵化室的温度应保持在 20℃以上。每天定时巡查和登记孵化机和出雏机门表温度、湿度，每天至少 2 次对比孵化机、出雏机电子显示温度与门表温度的差别，每个月定期用温度计测量孵化机的温度，出现异常及时校正。孵化机维修维护后应进行温度检测校正。

（2）湿度控制　孵化机湿度控制在50%～70%，出雏机控制在57%～80%，在空气较为干燥的情况下，可用加湿器辅助。

（3）通风控制　孵化器内新鲜空气含量以氧气21%、二氧化碳0.4%孵化效果最佳。孵化前期需氧量较低，然后逐渐增加，后期应逐渐加大通风量；冬季天气寒冷，应减小孵化机和出雏机的通风量；夏季天气炎热，应增加孵化机和出雏机的通风量，并加大孵化室内外的空气流动。

（4）翻蛋　孵化机的自动翻蛋设置为每2小时翻蛋1次，翻蛋角度以90°为宜。

（5）其他条件及应急操作　所用温度计、湿度计应符合要求，并经过计量检定合格。停电时应按应急管理规定及时启用备用电源，保证孵化室的运作。

70 怎样检查和分析孵化的效果？

孵化效果的检查和分析主要从以下几方面着手：孵化第5天（也就是第1次照蛋）和孵化第10天（也就是第2次照蛋）观察初期胚胎发育状态，出雏时间和雏鹑体状况是否正常，以及解剖死胚蛋分析死亡原因等（表6-5）。

表6-5　鹌鹑胚胎发育死亡原因

死亡现象	主要原因
死于壳内，气室大	孵化湿度偏低，温度太高
死于壳内，气室小	孵化机内或室内通风不够，湿度较高
死于壳内，气室正常	种鹌鹑问题，造成种蛋品质先天不足
血环	胚胎早期死亡，多数由于种蛋保存不当，胚胎弱，温度太高或太低
卵黄破裂	先天性，陈蛋，运输时过分冲击，不正确翻蛋
后期死亡或啄壳不出	胚胎弱，湿度偏低

（续）

死亡现象	主要原因
在蛋的锐端啄壳	胎位不正，通风不良
在尿囊外有剩余蛋白	翻蛋不正常
啄壳时喙粘在蛋壳嘌口上，嗉囊、胃和肠充满液体	湿度太高
胚胎营养不良，脚短而弯曲，有“鹦鹉嘴”，绒毛基本整齐	蛋白质中毒
破壳时死亡多，卵黄吸收不好，卵黄囊、肠和心充血，心脏小	孵化后半期长时间温度偏高
未啄壳，尿囊充血，心脏肥大，卵黄吸入，但呈绿色，肠内充满卵黄和粪	湿度偏低

71 什么是嘌蛋？嘌鹌鹑蛋技术要点有哪些？

嘌蛋是将正在孵化的胚蛋从孵化场运送到另一个地方去出雏的一项技术，起初是我国劳动人民在孵化生产中为了向偏远地区解决长途运送雏禽的困难，运用胚蛋孵化后期代谢热增强能够自温孵化的原理，创造了嘌蛋这门技术，这是我国人工孵化法中的宝贵经验之一。

嘌蛋比运输种蛋和雏禽都方便，具有可以增加运雏数量、降低运输成本以及有效减少因长途运输而造成的伤亡等效果。嘌鸡蛋、嘌鸭蛋和嘌鹅蛋，在生产实践中早已普遍使用。鹌鹑业也应用嘌蛋技术销售运送胚蛋，这是因为鹌鹑本来体型就小，蛋也小，出壳的雏鹑更小，一般只有 6 克左右，并且雏鹑体质弱，受不了过多奔波与折腾。为此，一般近距离、开车 10 小时以内路途、火车或飞机 5 小时直达的地区，建议客户可选择出雏后的鹌鹑苗。路途太远或中途需要周转太多时，雏鹑苗易受到损伤，从而影响雏鹑的品质，建议客户引进种蛋或嘌蛋。嘌鹌鹑蛋一般选择 15 胚龄或 16 胚龄，起程的时间，主要是根据路途所需时间来决定，但以到达目的地时即将出壳为好，这样可以在起程地多孵一天，胚龄越大，嘌蛋越容易管理，损耗也少些，雏鹑的品质才更有保障。

嘌鹌鹑蛋的主要问题是压伤、保温和散温。嘌蛋首先应进行照蛋，剔出死胚、弱胚，然后将胚蛋装箱。为了兼顾到保温和工具的强度，嘌鹌鹑蛋一般选择泡沫保温箱，泡沫保温箱留有通气孔，内用“井”字隔纸盒隔板将每个蛋胚分别隔开，每层之间以纸板隔开，每个泡沫保温箱可装5～7层胚蛋。

嘌蛋装箱和运输途中的管理在冷天和热天是截然不同的。冬季冷天，泡沫保温箱在底层和顶层需要装放保温材料，四周宜用报纸粘贴封闭起来，上覆盖棉被保温。在车上可以将多个泡沫保温箱堆叠在一起，四周用棉被裹紧，放在避风处，严防雨淋。在路上每经3～4小时检查一次蛋温，发现蛋温超温（因胚龄大，蛋数多，天气虽冷但其自温能力仍相当高，可能引起超温），应进行调箱。往往上面几箱温度高，调箱可以促使受温均匀。如果发现中心蛋和边蛋，上层蛋和下层蛋（即指同一箱内的不同部位的蛋）由于时间长，蛋温相差太大，就必须进行翻蛋，将蛋所处的位置改变一下，翻蛋时的动作要快，车辆停放要选在避风、朝阳、气温较高的地方。

夏季热天主要矛盾是散温，当气温超过30℃时，嘌蛋的泡沫保温箱四周不要粘贴报纸，箱底和顶层也不需要铺垫保温材料，可糊一层报纸，每只箱可以少放一层胚蛋，另外泡沫保温箱堆放的层次也相应减少，四周覆盖以被单或薄的毛毯。嘌蛋在路途上严防曝晒雨淋，汽车运送途中需常检查蛋温，特别注意中心偏上层的蛋温，必要时车停树荫下调箱和翻蛋。如果预计在路途中（如上了火车或飞机后）散热不易，则必须在上车（机）前进行凉蛋，将蛋温降到适宜范围的最低限度。

春、秋两季时，嘌蛋方法介于上述两种情况之间，可以酌情采取措施。

72 怎样做好孵化机和孵化室内的清洁消毒工作？

（1）孵化机清洁消毒　每5天换一次孵化机内水盆的水，同时清洗并消毒水盘。每次换水时应对水盆上的盖网用消毒液进行喷雾消毒。定期清洗孵化机，清扫干净后再用消毒液擦洗。

（2）出雏机清洁消毒　清理最后一批蛋后，用消毒液清洗出雏机，清洗完后用甲醛熏蒸消毒30分钟，备用。

73 如何做好孵化室卫生防疫及废弃物的处理？

（1）孵化室卫生防疫　孵化室进出口设消毒池，放置消毒脚垫，选用合适的消毒液。严禁非工作人员进入孵化室，工作人员应在更衣室换穿干净的工作服和工作鞋并洗手消毒后方可进入孵化室。工作人员开始进行一个孵化操作前均应洗手消毒，完成操作后也需洗手消毒。孵化室内外的地面和墙面每天要喷雾消毒1次，每月进行1次灭蚊、灭蝇、灭鼠工作。

（2）废弃物的无害化处理　将孵化过程中产生的死胚、蛋壳和死亡雏鹑等废弃物装入密封塑料袋中，运出孵化室，送到指定场所进行无害化处理。

74 怎样做好孵化记录和统计分析？

（1）孵化记录　应记录每天的入孵蛋数量、光蛋数量、死胚蛋数量、死雏数以及孵化机、出雏机、孵化室每天的温度、湿度，并按要求收集保存。

（2）孵化数据统计分析　孵化统计周期为1个月，统计入孵蛋数量、光蛋数量、死胚蛋数量、出雏数、受精率、孵化率等数据。对数据作统计分析，作为指导生产管理的依据。

七、疾病防控技术

75 鹌鹑为什么生病？什么是传染病？

当鹌鹑身体的正常功能受到损害时，就会发生疾病，疾病的严重程度是由所受损害的程度决定的。既有受维生素缺乏、中毒、物理损伤等造成鹌鹑发病的普通病，更有由传染性病原微生物如细菌、病毒等引起鹌鹑群发病的传染病，对鹌鹑危害最大的是传染病。

鹌鹑发病是鹌鹑机体与其周围环境各种致病因素之间相互作用发生的损伤与抗损伤的复杂斗争过程，病原微生物侵入鹌鹑体内，并在一定的部位定居、生长、繁殖，与机体各种防卫机能相互作用，从而引起机体一系列的病理反应，这个过程称为感染。如果病原微生物具有相当的毒力和数量，而机体的抵抗力相对地比较弱，不能抵抗病原微生物感染时，鹌鹑会在临床上出现一定症状和病理变化，表现为生病。

（1）传染病的概念　凡是由病原微生物引起，具有一定潜伏期和临床表现，并具有传染性的疾病称为传染病，通常有细菌性传染病（如鹌鹑大肠杆菌病）和病毒性传染病（如新城疫、禽流感）。

（2）传染病的特征　①由特异的病原微生物引起；②具有传染性和流行性；③被感染的机体发生特异性反应；④耐过动物能获得特异性免疫；⑤具有特征性的临床表现；⑥具有明显的流行规律，例如有明显的周期性或季节性。

76 传染病流行的三大环节是什么？

鹌鹑是否暴发传染病，取决于传染源、传播途径和易感鹌鹑群三大环节（图 7-1）。

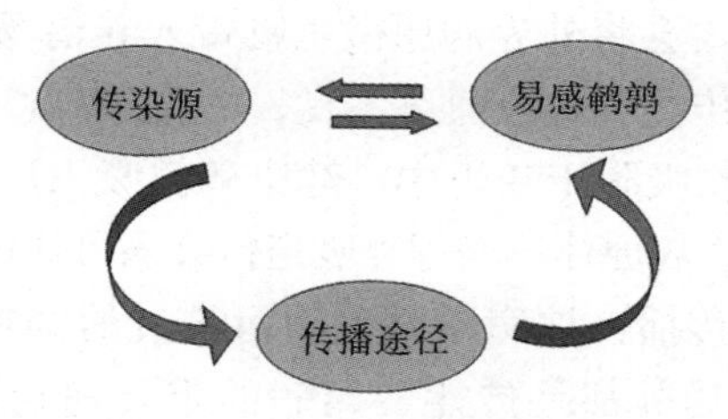

图 7-1　传染病流行示意图

（1）传染源　亦称传染来源，包括患病鹌鹑和病原携带者，鹌鹑在急性暴发疾病的过程中或在病情转剧期可排出大量病原微生物，故此时其危害最大。当然传染源还有带菌（毒）家禽、昆虫、鸟、老鼠等。

（2）传播途径　指病原微生物由传染源排出后，经一定的方式再侵入其他易感动物所经的途径。传染病传播途径可分为垂直传播和水平传播两种类型。

1）垂直传播　由于种鹑患病，在没有任何外界因素的参与下，通过种蛋将细菌或病毒等病原微生物纵向传播给下一代鹌鹑，引起下一代自小就带有来自亲代鹌鹑的病原微生物，引起生病，例如禽沙门氏菌病、支原体感染等（图 7-2）。

曾祖代 —种蛋传播→ 祖代 —种蛋传播→ 父母代 —种蛋传播→ 商品代

图 7-2　疫病垂直传播

2）水平传播　外界包括种鹌鹑身上的病原微生物以横向方式传染到健康鹌鹑身上（图 7-3），引起感染发病，主要通过以下途径传播。

①通过病鹑传播：现在鹌鹑养殖多规模化、集约化饲养，饲养数量多、密度大，一旦发生疫情，如果不能及时发现和处置，病鹑

包括无症状感染鹌鹑会通过污染饲料、饮水、空气等途径或通过直接接触方式而感染养鹑场内其他鹌鹑，常会导致全场鹌鹑群感染而使疫情扩散和蔓延。

②通过人员传播：饲养人员、工作人员、参观者等未经严格消毒就进入养鹑场，会将外界病原微生物带入养鹑场。

③通过空气传播：鹑舍通风不良、密度过高，有害气体会污染空气，病原微生物吸附于灰尘中，健康鹌鹑吸入后引起发病，例如鹌鹑支原体感染、衣原体感染等呼吸道传染病可通过飞沫而传播。

④通过物品传播：被病原微生物污染过的饲料、饮水、食槽、水槽、车辆、器具等都是传播鹌鹑病的重要途径，例如鹌鹑新城疫、沙门氏菌病、大肠杆菌病等以消化道为侵入门户的传染病主要通过这样的方式传播的。

⑤通过其他生物传播：其他生物主要有蚊子、苍蝇、鸟、猫、老鼠、黄鼠狼和体外寄生虫等。它们都是疾病传播者，能将病原微生物在鹌鹑之间传播，也会将外界的病原微生物带入，如飞鸟能将养鹑场外的新城疫病毒带入养鹑场内，蚊虫通过叮咬而将禽痘病毒传播。

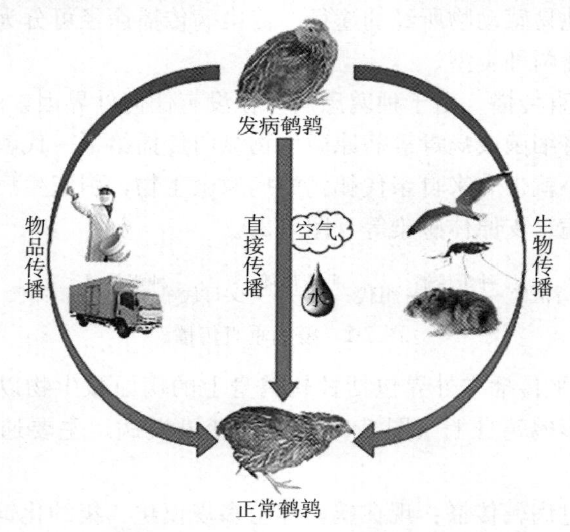

图 7-3　疫病水平传播

（3）易感鹌鹑群　指鹌鹑对于某种传染病病原微生物感受性的大小，通俗地说，鹌鹑对某种传染病的病原微生物容易感染，是鹌鹑病发生与传播的第三个环节，直接影响到传染病是否造成流行以及疫病的严重程度。鹌鹑易感性的高低主要与病原微生物的种类和毒力强弱有关，同时还与鹌鹑的自身遗传特性（内因）、饲养管理水平（外因）和特异性的免疫状态有关。为此，生产上应注意选择优良的品种（系），加强饲养管理（例如保证饲料质量，保持鹑舍清洁卫生，定期清理粪便，避免拥挤、饥饿等应激，合理通风，及时进行预防性用药和疫苗免疫接种，做好检疫、隔离工作等），提高鹌鹑特异性和非特异性免疫力，增强对疫病的抵抗力，降低对病原微生物的易感性，减少发病风险。

77 鹌鹑疾病防控的策略是什么？

（1）树立“预防为主，养防并重”的鹌鹑病防控理念　加强饲养管理，防止病从口入，饲喂的饲料要新鲜、干净、优质，饮用水要清洁、卫生、安全，科学饲养，提高体质，增强机体的抗病力；搞好养鹑场内外环境的清洁卫生和消毒工作，料槽、水槽要经常清洗，垫料要清洁、干燥，勤清鹌鹑粪，降低病原微生物数量，做好疫苗接种等防疫工作，合理预防用药，提高鹌鹑的抵抗力。建立完整的生物安全体系，防止病原微生物的侵入、扩散和传播。

（2）做好疫苗免疫工作　疫苗免疫是有效防控重大动物疾病暴发与流行的重要措施，良好的免疫可使后代鹌鹑有较好的母源抗体，一般能够抵御相应病原微生物的侵害，保证较高的成活率。为此，加强免疫检测工作，通过了解鹌鹑的母源抗体水平和鹌鹑群的免疫水平，结合本场疾病流行特点和疫情实际，制订适合本场合理的免疫程序。

（3）建立疫病快速准确诊断技术　采取综合性检查，对发生的疾病尽早尽快做出诊断，通常首先根据流行病学调查分析、临床观察检验和病理剖检变化作出初步诊断，并采取应急控制措施。同时，采集相应病料送检，做进一步的实验室检查（病原学、血清学、药敏试验等），以便及时确诊，从而采取针对性防疫措施。

（4）重视种鹌鹑疾病的净化　鹌鹑沙门氏菌、支原体等垂直传播的病原微生物一旦在鹌鹑群存在就很难根除，治疗也很困难。只有从种鹌鹑下手，通过自繁自育、加强检疫净化淘汰等方式，建立支原体阴性、沙门氏菌阴性等种鹌鹑群。

（5）建立疫情监测和报告制度　加强疫情监测工作，做好疫情的预测、预报工作，一旦发生严重的传染病流行时，应采取紧急防疫措施，隔离病鹌鹑，烧毁、深埋死鹌鹑，彻底消毒环境及饲养用具等，及时消灭病原，防止病原的扩散，减少发病，降低损失。

78 健康鹌鹑与患病鹌鹑如何肉眼辨别？

对个体和群体进行临床观察检查是一种最基本、最常用的疾病诊断方法，主要观察鹌鹑外貌、行为习性、精神状态和检查体温、心跳、呼吸、粪便、可视黏膜、外伤等变化，依据观察检查结果与数据进行分析，可以作出临床诊断，这种诊断同样是初步诊断（印象），但也可以作为采取应急措施的依据。一般可通过以下几方面来判断鹌鹑是否健康。

（1）看精神状况　健康的鹌鹑很活泼、机灵，且具有很好的警觉性，有人走近时会很快地逃窜离开。患病鹑大多表现精神欠佳，羽毛松乱，眼无神，呼吸加快，呼吸时喘鸣或从喉头气管发出异常的声音，不爱活动，离群独处，体质消瘦虚弱，减食或不食，大量饮水或饮食废绝等。

（2）看眼睛　健康鹌鹑的眼睛应该明亮干净、无分泌物，机警，眼睑张得很大。鸟疫、副伤寒、眼炎、支原体病及维生素A缺乏症等疾病的患病鹑，眼睛红肿发炎，分泌物增多。患结膜炎时结膜潮红，血管扩张。患肺炎时结膜发紫。贫血或营养不良时，结膜苍白。有机磷农药中毒时，瞳孔起先缩小，最后散大。

（3）看鼻腔　健康鹌鹑鼻腔鲜明，干净。如鼻腔色泽暗淡、潮湿，流鼻液，或污秽有干酪样物，多是患感冒、鸟疫、副伤寒及呼吸道疾病等。

(4) 查口腔　若口腔、咽喉出现潮红、溃疡，则可能是咽喉炎、禽痘；口腔有粟粒大小的灰白色结节，可能是维生素A缺乏症；口中呼出酸臭味的气体，可能是患软嗉囊病。口中流涎，可能是新城疫或有机磷农药中毒。

(5) 查嗉囊　饲喂1小时后，检查嗉囊是否缩小，如胀大坚实，可能患硬嗉囊炎；若鹌鹑不食而嗉囊胀满，软而有波动感，倒提时口中流出大量酸臭液体，可怀疑是软嗉囊炎。

(6) 看呼吸　健康鹌鹑呼吸有规律且不会发出声音，鹌鹑自鼻孔呼吸，正常鹌鹑呼吸时嘴是闭着的，当呼吸困难时才会张口呼吸。患喉气管炎、支气管肺炎、支原体病时，可出现打喷嚏，流鼻涕，咳嗽和发出"咕噜咕噜"的声音；患严重的坏死性肺炎时，病鹑张口呼吸，呼出带臭味的气体。

(7) 看皮肤　患肺炎、鸟疫及血液缺氧时，皮肤呈紫黑色；一氧化碳或煤气中毒时皮肤呈鲜红色。用手触摸两翼内侧胸部皮肤，皮肤温度高是发热的表现，皮肤温度低则是血气不足的虚寒症或重症病危的表现。

(8) 摸腹部　从胸骨端开始向耻骨方向轻按摩腹部，如便秘，可摸到肠内有黄豆粒大的粒状粪；若患肝炎或肝硬化，可摸到肝脏肿大或硬实；若是肿瘤病，腹部肿大，可摸到腹腔有硬实物；若是腹腔炎，腹部胀大下垂，手摸有软而波动的感觉。

(9) 看肛门　患胃肠炎、溃疡性肠炎、副伤寒、大肠杆菌病等，可见肛门周围被粪便沾污，用手翻开肛门，可见泄殖腔充血或有出血点。

(10) 看粪便　健康鹌鹑粪便灰黄、褐黄或灰黑色，呈条状，末端有白色物附着。消化不良或患卡他性肠炎，鹌鹑则排出稀粪；粪便带有白色和红色黏液，则是出血性肠炎或球虫病；粪便黑色可能是胃或小肠前段出血；粪便绿色可能是新城疫等热性病。

(11) 看步伐　健康鹌鹑的步态稳健，如果看到跛行或者不能行走，则表示鹌鹑有病。

(12) 检查生理值　从鹌鹑生理值的变化既可得知其疾病演变，

也可洞察其治疗效果，以便及时采取措施或调整治疗方案。鹌鹑体温较高，成年鹌鹑的体温为40.5～42℃，刚出壳的雏鹑至第5天时的体温比成年鹌鹑低3℃。鹌鹑的呼吸能力较强，正常呼吸时有规律、无声，闭嘴自鼻孔呼吸。若呼吸出现声音、张嘴等现象，则表明是热性疾病或呼吸道疾病征兆；体温升高、呼吸加快和心率增加，往往是发生热性病或感染性疾病的预兆。鹌鹑的正常生理值见表7-1。

表7-1　鹌鹑正常生理值

项　目	数　值
体温（℃）	40.5～42
呼吸（次/分）	30～50
心率（次/分）	150～220

在很多情况下，临床诊断只能提出可疑疫病的大致范围，要作出准确诊断必须结合解剖病变观察和实验室检测结果。

79 鹌鹑养殖场如何构建生物安全体系？

生物安全是世界卫生组织（WHO）和世界粮农组织（FAO）先后提出的旨在减少疫病发生，隔离虫害，避免外来物种传播入侵，保证人类、动植物、环境等和谐健康发展的防范措施和屏障。鹌鹑养殖构建生物安全体系是指防止把引起畜禽疾病或人兽共患病的病原体引进鹌鹑群的一切饲养管理措施，通俗地讲是防止有害生物进入和感染健康鹌鹑群所采取的一切措施。

构建生物安全体系在硬件和软件都要下功夫，凡是与鹌鹑群相接触的人和物，包括鹑舍、鹌鹑、人员、饲料、饮水、设备甚至空气等方方面面，都是实施生物安全需要控制的对象，所以需要在做好硬件规划设计和建设基础上，制定严格的操作规程和管理制度，确保生物安全体系达到效果。

（1）硬件　主要是养鹑场科学选址，尽量远离畜禽养殖场，远离大的湖泊、水道、候鸟迁徙路径和公路；合理布局各功能区（生产区、管理区、病鹑隔离区），避免相互干扰和引起疾病传播，养鹑场内部道路建设要严格区分清洁过道和污染过道，尽量密封排污管道，使用机械刮粪收集鹌鹑粪时粪池要设计成密封的，避免污染物外流，也有利于粪便无害化处理。鹑舍的地面和墙壁要能耐受高压水的冲洗，要建设良好的杀鼠、灭虫和防鸟的安全措施。现代化鹑舍是全封闭式的，能控温控湿，纵向通风，机械除粪，自动消毒。

（2）软件　首先是人的问题，更强调人的因素、人的主动性，强调人对整个鹌鹑养殖生产环境的控制，而不仅仅局限于对单个鹌鹑及鹌鹑群的管理与控制；同时强调对人员的管理，这些人员包括场主、管理人员、一线工人、服务人员、运输人员、邻居、合同工、来访者及其他相关人员，必须加强培训使每个人认识到生物安全的重要性，使他们认识到生物安全是预防疾病、减少疾病危害的有效手段。其次是制订各项规章制度，主要包括消毒池管理制度、人员进出的规章制度、鹑舍内清洁卫生消毒制度、车辆消毒制度、工具消毒制度、病鹑隔离制度和病死鹑无害化处理制度等，养鹑场员工应主动、认真执行制订的规章制度。第三是加强饲养管理，尽量避免不同品种的鹌鹑混合饲养，采用“全进全出”饲养模式，合理通风，控制饲养密度，供应营养均衡的全价饲料，避免饲喂霉变或有毒素的饲料，减少或避免各种应激。

生物安全体系分 3 个层次（图 7-4）。

总体性生物安全：最基本层次，是整个疾病预防与控制计划的基础。包括场地选择、操作区域及不同鹌鹑品种的隔离、生物密度的降低和野生鸟类的驱除。

结构性生物安全：第二层次，包括养鹑场布局、鹑舍构造、辅助系统或设施如清洁过道、污染过道、给排水系统、消毒设备、料槽等的建设。这一层次出现问题时，往往都来不及纠正。

作业性生物安全：第三层次，包括日常管理程序和具体操作，可以及时发现问题和作出相应的调整。合理制定和严格执行相关制度和规程，从而确保作业的安全，是对管理者及所有人员切实的基

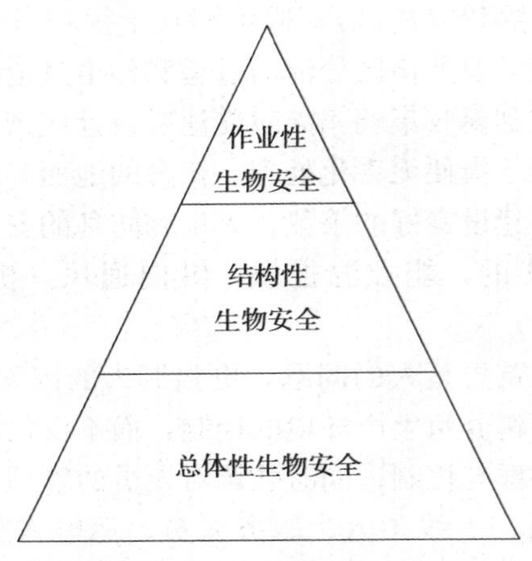

图 7-4　生物安全层次

本要求。

生物安全体系归纳来说，科学选址是基础，合理布局是前提，清洁卫生是根本，完善管理是保证，全进全出是手段，有效消毒是关键，确切免疫是核心，科学用药是补充，无害化处理是保障。

80 什么是消毒？如何合理使用消毒药？

（1）消毒的意义　目前，畜禽养殖业正向规模化和集约化发展，动物相互接触的机会很多，病原微生物传播的速度也加快，一旦暴发传染病，很难采取有效措施。

消毒的目的是消灭鹑舍内及周围环境中的病原微生物，能切断传播途径，预防传染病的发生或阻止传染病蔓延，是一项重要的防疫措施，是防控传染病的三大法宝之一。通过对养鹑场实行定期消毒，使鹌鹑周围环境中的病原微生物减少到最低限度，以预防病原微生物侵入鹌鹑群，可有效控制传染病的发生与扩散。

（2）常见的消毒方法　包括物理消毒法、化学消毒法、生物热消毒法，根据消毒的对象不同，可采用不同的消毒方法。

1）物理性消毒法

①清扫：本法适合所有鹑舍、设施、设备及运输工具等，更适

合日常鹑舍的清洁维护，是最基本和最经济的消毒方法，是进行其他消毒方法前必须开展的工作。及时、彻底地清扫鹑舍内粪便、灰尘、羽毛等废弃物，可去除鹑舍中80%～90%的有害微生物。需要注意的是，在清扫前喷水或洒水，可避免灰尘飞扬，降低清扫工作对鹌鹑健康的影响。常用的工具有扫帚、鸡毛掸等，部分养鹑场因地制宜使用稻草、布条等材料制作鸡毛掸。

②更衣（鞋）：从外进入生产区时以及从生产区进入鹑舍更换衣帽（鞋），可有效防止外界病原体进行养鹑场、鹑舍，是日常管理的环节之一。

③紫外线消毒：适合更衣室，将工作服、鞋用完后悬挂于更衣室内，开启紫外线灯，照射1～2小时。需要注意的是，工作服、鞋每周应洗净1～2次，并经24小时熏蒸消毒。

④冲洗：适合空关鹑舍和车辆的消毒，多选择高压冲洗，可冲洗掉鹑舍中清扫后残留物，或冲洗无法清扫的地方。冲洗顺序是先屋顶，然后是墙壁和笼具，最后是地面，由高到低，避免后面冲洗的污水污染刚刚才冲洗干净的地方或物品。虽然部分地区在炎热季节可带鹑冲刷，但尽可能避免带鹑冲洗，以免淋湿鹌鹑和冲洗液沾污鹌鹑，那样会对鹌鹑产生较大的应激和污染。冲洗工具是高压水枪。

进入养鹑场的饲料运输车辆等，应在场区外对其外表面消毒，然后经过消毒池后才能进入场区，若需进入生产区必须再次消毒后方能进入。

⑤火烧：适合空关鹑舍的消毒，多在清扫、冲洗后再次对鹑舍进行消毒，是传统的消毒方法，使用煤油喷灯，将火焰喷烧场面、砖墙、金属、不易燃笼具等，利用高温杀死病原体，其消毒作用彻底，消毒效果比较好。需要注意的是，火烧前一定清扫干净，过多的灰尘、残留物会影响消毒效果；喷烧时千万不能烧到易燃材料，禁止在易燃易爆场所使用，避免引发火灾事故；同时做好个人防护工作，避免烧伤自己。另外注意的是，煤油喷灯只允许用符合规格的煤油，严禁用汽油或混合油，油量只需装到1/2，不可装足，以

防爆炸。

⑥喷雾：适合生产中鹑舍的清洁工作。鹌鹑属于鸟类，有飞翔特性，当喂料时，易拍飞翅膀，扬起粉尘。据研究，鹑舍每克灰尘中大肠杆菌含量可达10^5～10^6个，而且鹌鹑呼吸系统特别发达，如此环境很易使鹌鹑出现细菌感染和呼吸道病。针对鹌鹑这样的生活特性，可选择在喂料前或同时进行喷雾消毒，喷雾时大部分时间并不需要添加任何消毒剂，仅需使用水就行。据研究，使用水进行喷雾可清除80%～90%的灰尘，可使细菌量减少84%～97%。喷雾工具为专用的喷雾器。

⑦煮沸：适合工作服、垫布、器皿等物品，一般在清洗后进行煮沸消毒，是常用的消毒方法，也是非常经济实用的消毒方法。需要注意的是，所有煮沸的物品一定要浸泡于水中；一定要烧沸，并且持续一定时间（一般为30分钟）；煮沸物品取出晾干后，需要放置于清洁的地方，注意避免被污染；煮沸物品一般现煮现用，放置时间不能太久，否则需要重新消毒。

⑧高压高温：适合兽医物品，工具为医用高压锅，颗粒饲料也是采用高温的方式生产的。

2）化学消毒法　是养鹑场常采用的消毒方法，并且消毒已从过去单一的环境消毒，发展到带鹌鹑消毒、空气消毒和饮水消毒等多种途径消毒，所用的消毒剂种类也非常多。

①浸泡消毒：在养鹑场、鹑舍的进出口设置消毒池，用10%石灰乳、5%～10%漂白粉或2%氢氧化钠，须保持药液的有效浓度，并定期更换消毒剂。耐浸泡的物品也可采用此法消毒。

②喷雾消毒：将消毒液配制成一定浓度的溶液，用喷雾器进行喷雾消毒，喷雾消毒的消毒剂应对鹌鹑和操作人员安全，没有副作用，而对病原微生物有杀灭能力。需要注意的是，欲想消毒效果好，喷雾的雾滴直径应在100微米左右，使水滴呈雾状，一般要求在空气中停留的时间达10～30分钟，对空气、鹑舍墙壁、地面、笼具、鹌鹑体表、鹌鹑巢、栖架等发挥消毒作用。鹑舍内应每日清扫，鹑舍外主要干道每周清扫2次，每周喷雾消毒1～2

次，消毒剂每月更换1次，以防止病原微生物产生抗药性。尸体剖检室或剖检尸体的场所及运送尸体的车辆，经过的道路均应立即进行冲洗消毒。

③熏蒸消毒：熏蒸消毒常选用甲醛（福尔马林）和高锰酸钾。熏蒸的气雾渗透到每个角落，消毒比较全面。消毒时必须封闭鹑舍，应注意消毒时室内温度不低于18℃，舍内的用具等都应打开，以便让气体能渗入，盛放甲醛的容器不得放在地板上，必须悬吊在鹑舍中。药品的用量是：甲醛25毫升/米^3、水12.5毫升/米^3、高锰酸钾25克/米^3。计算、称量后，将水与甲醛混合，倒入容器内，然后将高锰酸钾倒入，用木棒搅拌，经几秒钟即见有浅蓝色刺激眼鼻的气体蒸发出来。经过12～24小时后方可将门窗打开通风，消毒后隔1周，等到刺激气味消失，才可使用。

3）生物热消毒法　多用于大规模废弃物的处理。利用自然界中的嗜热菌繁殖产生的热，将鹌鹑粪便中大多数病毒、除芽孢以外的细菌、寄生虫幼虫和虫卵等病原体杀灭。具体做法：收集新鲜鹌鹑粪，拣净杂物，捣碎后按一定比例混合后发酵，一般鲜粪35%，米糠或秸秆35%，与切碎的青饲料30%混匀，再加入适量的水（以将上述肥料拌均匀后，刚有极少量水渗出为度），然后起堆并用泥土或塑料封严，创造厌氧环境。环境温度10～15℃时发酵需7～10天，20℃以上时需3～5天，30℃时需2天。利用肥料在发酵过程中的高温，加快腐熟速度，并将肥料中的纤维素、半纤维素、果胶物质、木质素分解，形成腐殖质。同时，杀灭肥料中的有害微生物、虫卵等。但要注意的是，由于堆肥中的肥料在发酵过程中会产生高温，过高的温度会令相当部分的肥效损失。因此，在肥堆中要插入温度计，当肥堆中的温度达到65℃时，要适当加入冷水或适当将肥堆打开，以降至约45℃时再将肥料重新堆合。一般当肥堆内保持50～65℃的条件下，约1周可杀死病原微生物、虫卵等，基本达到无害化指标，最后让温度缓慢降低，以利养分的转化及腐殖质的形成。

（3）常用的消毒剂　氢氧化钠（烧碱）、过氧乙酸（醋酸）、甲醛（福尔马林）、漂白粉、石灰乳、高锰酸钾、来苏儿、克辽林、百毒杀、新洁尔灭、洗必泰、消毒净、度米芬、双链季铵盐、环氧乙烷、次氯酸钠和碘溶剂等。

（4）影响消毒剂效果的因素　合理使用消毒剂很重要，消毒剂的作用受许多因素的影响而增强或减弱，具体影响因素有：

①微生物的敏感性：不同的病原微生物，对消毒剂的敏感性明显不同，例如病毒对碱和甲醛很敏感，而对酚类的抵抗力却很强。大多数消毒剂对细菌有作用，但对细菌的芽孢和病毒作用很小，因此在防治传染病时应考虑病原微生物的特点，选用合适的消毒剂。

②环境中有机质的影响：当环境中存在大量的有机物如鹌鹑的粪、尿、血、炎性渗出物等时，能阻碍消毒剂直接与病原微生物接触，从而影响消毒剂效力的发挥。另一方面，这些有机物往往能中和和吸附部分药物，减弱消毒作用，因此在使用消毒剂前，应进行充分的机械性清扫，彻底清除消毒物品表面的有机物，从而使消毒剂能够充分发挥作用。

③消毒剂的浓度：一般说来，消毒剂的浓度越高，杀菌力也就越强，但随着药物浓度的增高，对机体活组织的毒性也就相应增大。另一方面，当浓度达到一定程度后，消毒剂的效力就不再增强。因此，在使用时应选择有效和安全的杀菌浓度，例如75％酒精杀菌效果要比95％酒精好。

④消毒剂的温度：消毒剂的杀菌力与温度成正比，温度增高，杀菌力增强，通常夏季消毒作用比冬季要强，为此冬天消毒时可加入适量开水以增强消毒剂的杀菌力。

⑤药物作用的时间：一般情况下，消毒剂的效力与作用时间成正比，与病原微生物接触的时间越长，其消毒效果就越好。作用时间太短，往往会达不到消毒的目的。

81 鹌鹑养殖场如何建立严格的兽医防疫管理制度？

随着规模化、集约化鹌鹑养殖业的发展，为了保障鹌鹑群的健康生长，减少疾病的发生，必须建立完善的兽医防疫管理制度。

①选购的鹌鹑必须从无疫病地区、正规饲养的种鹌鹑场引进，外购的鹌鹑必须经过 30 天隔离饲养、观察，确认健康无病后方可进入鹌鹑群。

②养鹑场、鹑舍的入口处要设有消毒池，并经常交替更换消毒剂液，以保证药效。大门口消毒池的大小为 3.5 米×2.5 米，放置的消毒水深处以能对车轮的全周长进行消毒为宜，消毒池上方应建设挡雨棚，消毒池旁边可另设行人消毒池，供人员进出使用。

③生产区内严格控制外来人员参观，非养鹑场工作人员和车辆不得随便进入。必须进入时要经严格的消毒后方可进入。场内工作人员进入生产区前也须经过消毒室或消毒走廊更衣消毒。各鹑舍人员不可随便走动、串岗，舍内工具也应固定使用，不得借用。

④养鹑场内不得混养其他家禽或家畜，并尽可能地杜绝野禽进入养鹑场。未售完的鹌鹑，不得再送回鹌鹑场饲养。

⑤养鹑场工作人员不得从外面购食病死畜禽，也不能在外面从事家禽的养殖活动，以防传染病的引入。

⑥病鹑要及时隔离。鹑舍内出现病鹑，应及时挑出来，送专门的隔离间饲养、治疗，经治愈后饲养 30 天，确认一直健康，方可以回归原鹌鹑群。

⑦定期对鹑舍内外的环境、地面进行消毒。鹌鹑场内每年春秋两季应各进行一次全面大清扫，每月消毒 1 次，主要对道路、鹌鹑舍及排污沟等喷雾消毒。鹌鹑舍应每天清扫 1 次，每周消毒 1 次，可用于带鹌鹑环境消毒的消毒药有 0.1%新洁尔灭、0.3%过氧乙酸、0.1%次氯酸钠、1∶600 百毒杀。食槽、水槽等用具应定期清洗。舍内保持通风良好，要干燥，冬季做好防寒工作，夏季做好防暑工作。如在疾病多发或梅雨季节，消毒次数可增加 1～2 次。

⑧病死鹑无害化处理。病死鹑经兽医工作人员检查后可在离养鹑场较远处深埋或焚烧等方式进行无害化处理，切忌到处乱丢或喂猪、狗等，使病原微生物到处散布。场内饲养人员不得私自解剖病

死鹌鹑。存放病死鹑的场地和运送病死鹑走过的道路要及时进行彻底消毒。

⑨防止活体媒介物和中间宿主与鹌鹑群接触。杀灭体外寄生虫、蚊蝇，防止犬、猫、飞鸟进入鹌鹑场内。

82 什么是抗生素？鹌鹑常用的抗生素有哪些？

（1）抗生素概念　抗生素是某些微生物如某些细菌、链霉菌、真菌、小单孢菌等在其生命活动过程中产生的，能在低微浓度下选择性地杀灭他种微生物或抑制其机能的化学物质。抗生素最早是从微生物的培养液中提取而制得，现除此方法外，还可用人工合成或半合成的方法大量生产抗生素。

抗生素是一类能抑制或杀灭病原菌的药物，广泛地应用于治疗或预防由细菌、支原体、立克次氏体、原虫、真菌、霉菌等微生物引起动物感染性疾病，常用的有青霉素类、头孢菌素类、大环内酯类、氨基甙类、四环素类、磺胺类及喹诺酮类等。

（2）抗生素种类　抗生素类药物种类很多，不同抗生素对不同病原微生物的抑菌或杀菌作用也不同。

①抗革兰氏阳性菌抗生素类：如青霉素、红霉素、四环素、林可霉素等，对葡萄球菌病、链球菌病、慢性呼吸道病、鼻炎等有防治效果。

②抗革兰氏阴性菌抗生素类：如链霉素、庆大霉素、土霉素、卡那霉素等，对大肠杆菌病、禽霍乱、沙门氏菌病和呼吸道疾病等有防治效果。

③抗革兰氏阳性、阴性菌抗生素类：如土霉素、四环素、金霉素、氯霉素、强力霉素、壮观霉素等，对大肠杆菌病、沙门氏菌病、葡萄球菌病、慢性呼吸道病等有防治效果。

④抗真（霉）菌抗生素类：如制霉菌素、灰黄霉素、克霉唑等，可用于防治曲霉菌病、念珠菌病等。

⑤磺胺类药物：最广谱抗菌药物，种类较多，如磺胺嘧啶、增效磺胺、抗菌增效剂，对革兰氏阳性、阴性菌和支原体、原虫等均

有杀灭作用。

⑥喹诺酮类药物：目前喹诺酮类药物很多，使用也很广，常用的有恩诺沙星、二氟沙星、沙拉沙星、环丙沙星等，可用于防治慢性呼吸道病、肠道疾病（大肠杆菌病、沙门氏菌病等）和巴氏杆菌病等。

83 抗生素使用有哪些准则?

抗生素是兽医临床上应用最广、效果较好一类药物，但若乱用、滥用对生物安全、生态环境和人类健康都会带来严重的危害。因此，在生产中必须合理地使用抗生素，才有可能获得安全、最佳的效果。

（1）应根据分离菌的药敏试验结果，选择相对最敏感药物用于实际防治，其效果最为理想。如无条件则应选用作用强与广谱的、毒性低的抗生素进行预防与治疗。

（2）应注意抗生素的联合使用与交替使用。总的讲，联合用药一般可提高疗效、减少毒性作用和延缓细菌产生耐药性。联合用药一般适用于：①病原未明确的严重感染或败血症；②一种药物不能控制的混合感染；③容易出现耐药性细菌的感染；④联合用药还应注意杀菌药物（青霉素类、先锋霉素类、氨基苷类等）或抑菌药物（四环素类、磺胺类等）间的联合，以达到协同或相加的作用，例如青霉素与链霉素、磺胺与三甲氧苄胺嘧啶等联合使用。

（3）应重视肝脏、肾脏功能与抗生素的关系。如当肝功能不良时，不应用经肝脏代谢、灭活的四环素、先锋霉素Ⅰ等；当肾功能不良时，使用经肾脏排泄的药物用量要适当减量或延长给药时间，以防止因排泄障碍而引发蓄积性中毒。

（4）应对抗生素治疗失败的原因及时做出具体分析，常见的失败原因大致有：①初步印象诊断与细菌学检查错误；②使用的抗生素选择不当；③使用的药物失效或药量不足、疗程太短或给药方法不当；④药物达不到损害器官组织或者说病害部位；⑤细菌产生耐药性；⑥鹌鹑自身免疫机能低下。

84 抗生素替代品有哪些？应用效果怎样？

随着人民生活水平的提高和健康保健意识的增强，广大人民基本告别了缺衣少食的贫穷生活，对家禽的消费也由温饱数量型向品质消费方向的转变，并追求肉、蛋等食品的优质和安全。针对抗生素滥用产生的问题，减抗和禁抗的呼声日趋频繁，对安全、高效的抗生素替代品进行研究和应用，以减少传统抗生素的使用，为无抗健康养殖提供良好的技术基础。

（1）中草药　中医、中草药和中兽医是我国独有的瑰宝，屠呦呦等以青蒿素研究成果荣获 2015 年诺贝尔生理学或医学奖，这是中国科学家因为在中国本土进行的科学研究而首次获诺贝尔科学奖，是中国医学界迄今为止获得的最高奖项，也是中医药成果获得的最高奖项，充分肯定了中医药的疗效和世界地位。

我国中医药研究发现，许多中草药具有保健防病的功效，例如黄芪有补气、补虚、增强机体免疫功能、保肝、利尿、抗衰老、抗应激、降压和较广泛的抗菌作用，金银花有清热解毒、防治上呼吸道感染和增强免疫力的作用，穿心莲粉有抗菌、清热和解毒的功能，龙胆草粉有消除炎症、抗菌防病和增进食欲的作用，甘草粉能润肺止渴、刺激胃液分泌、助消化和增强机体活力。总之，中草药复合制剂具有抗菌消炎、免疫调节等功效，降低应激反应，可用于病毒性疾病、细菌性疾病、寄生虫病的防治，并且能提高肉品质，减少抗生素应用，是具有我国特色的抗生素替代佳品。

生产上常用的中草药复合制剂有以下几个：

1）双黄连　由金银花、黄芪、连翘等精制而成的纯中药复方制剂，其功效：①抗病毒作用。对新城疫病毒、流感病毒、腺病毒等均有较强抑制和杀灭作用。②抗菌作用。本品对金黄色葡萄球菌、肺炎杆菌、链球菌、大肠杆菌、伤寒杆菌均有不同程度的抑制作用。③具有明显解热和抗炎作用。本品对病毒感染所致的高热、腮腺炎、急性胃肠炎、脑炎、心肌炎及呼吸道感染均有较好疗效，尤其对新城疫病毒和流感病毒所致呼吸道感染有显著疗效。双黄连在退热、止泻、消肿等方面的临床效果均优于利巴韦林，治疗病毒性心肌炎与传统治疗相比较，在治愈率和治疗时间方面均优于后者。

2）清开灵　由牛黄、水牛角、黄芩、金银花、栀子等精制而成的纯中药复方制剂，其功效：①抗病毒作用。本品对流感病毒、副流感病毒、肝炎病毒及新城疫病毒有较好抑制和杀灭作用。②抗菌作用。本品对金黄色葡萄球菌、肺炎球菌等常见菌有不同程度的抗菌作用。③解热作用。本品对内毒素引起的发热有解热作用。④保肝作用。通过改善肝循环、增强肝脏的能量交换和解毒功能而促进受损细胞的修复和再生。

3）黄芪多糖　由黄芪多糖、板蓝根、大青叶等中药制成的复方制剂，能诱导机体产生干扰素，干扰病毒在机体内的复制，提高机体的免疫功能，促进超氧化物歧化酶和谷胱甘肽过氧化物酶活性的增强，并能强化和刺激淋巴细胞和网状内皮层细胞的生成，增强网状内皮层细胞和巨噬细胞的吞噬功能，并对体液、黏膜和细胞免疫有很好的促进和调节作用。联合疫苗使用，可作为疫苗的增效剂和保护剂。对滥用抗生素及恶性疫症引起的机体受损、体温下降、食欲减退、心肺衰竭等症具有强心作用。

4）黄芪注射液　黄芪注射液能增强机体的细胞免疫和体液免疫功能，促进机体T淋巴细胞转化，诱导产生干扰素，抗病毒；对肝细胞有保护作用，促进肝细胞DNA、RNA合成，减轻肝病性物质引起的病变，增强肝脏解毒能力；对肾功能具有保护作用，对肾功能衰竭有治疗作用。

（2）微生态制剂　微生态制剂也称活菌制剂、生菌剂，是根据微生态学原理，由一种或多种有益于动物胃肠道微生态平衡的活的微生物制成的活菌制剂。微生态制剂主要作用是在数量或种类上补充肠道内缺乏的正常微生物，调节动物胃肠道菌群趋于正常化或帮助动物建立正常微生物区系，抑制或排除致病菌和有害菌，维持胃肠道的菌群平衡，维护胃肠道的正常生理功能，增强机体免疫力，达到预防疾病和提高生产性能的目的。目前，已有应用的如乳酸杆菌、双歧杆菌、噬菌蛭弧菌、粪链球菌、蜡样芽孢杆菌、枯草芽孢杆菌、凝结芽孢杆菌及酵母菌等，多呈复合制剂，使用比较广泛；缺点是保存、运输和使用过程中活性损失较大，从而降低了该产品的使用效果。

微生态制剂在业内已证明对改善肠道菌群、控制肠道性细菌病、提高饲料利用率、提升生产性能、增强免疫力、降低有害物质的排放量等有显著效果，可有效降低疾病的发生。微生态制剂因其具有无残留、无副作用、不污染环境、不产生抗药性、成本低、使用方便等优点而逐渐受到人们的重视，成为比较理想的抗生素替代产品。

（3）生物制剂

①干扰素：干扰素具有广谱的抗病毒作用，动物体内因病毒感染的细胞所产生的Ⅰ型和Ⅱ型干扰素因子均作用于其他敏感细胞，使其产生抗病毒蛋白，从而阻止病毒复制。因此，干扰素并不是直接杀伤病毒，而是诱导细胞产生具有酶活性的不同种类的抗病毒蛋白，干扰病毒的基因转录或病毒蛋白质的翻译。现有研究认为，对于不同的病毒，干扰素通过不同的防御机制，在病毒复制的不同阶段发挥作用。干扰素是机体细胞受到病毒感染或其他干扰素诱生剂刺激后由巨噬细胞、淋巴细胞及体细胞产生的一种具有高活性、多功能的糖蛋白，是天然免疫反应的重要成分。干扰素与细胞表面受体结合，诱导细胞产生多种抗病毒蛋白，抑制病毒在细胞内繁殖，提高免疫器官巨噬细胞的吞噬作用和抗原递呈能力，提高自然杀伤细胞对于病原体的杀伤作用，加强免疫细胞对于疫苗的免疫反应。干扰素具有广谱抗病毒、抗肿瘤和增强免疫等多种生物活性。干扰素可以采用药物控制技术制成胶囊或者纳米粒子，与适宜载体结合，作为保健型饲料添加剂使用。

②家禽用转移因子：本品是从健康家禽白细胞中提取制得的一种多核苷酸和多肽小分子物质，为细胞免疫促进剂。转移因子携带

有致敏淋巴细胞的特异性免疫信息，能够将特异性免疫信息递呈给受体淋巴细胞，使受体无活性的淋巴细胞转变为特异性致敏淋巴细胞，从而激发受体细胞介导的免疫反应。转移因子具有广泛的免疫学调节活性，一方面可诱导免疫细胞活化，并能促进释放干扰素，增强机体非特异性免疫能力。另一方面能够将特异性免疫能力传递到其他动物，激发动物产生特异性免疫。转移因子是小分子物质，不会被胃蛋白酶、胰蛋白酶分解，也不会被胃酸破坏，可以口服。无毒副作用，无过敏反应，无抗原性。使用剂量小，起效快，药效持续时间长。转移因子具有广谱抗病毒性，可用于防治病毒性疾病，对抗生素难以控制的细菌性疾病和免疫缺陷性疾病也有显著、独特的疗效。

③白介素-2：白介素-2 又称细胞生长因子，主要由活化 CD^{4+} T 细胞和 CD^{8+} T 细胞产生的具有广泛性生物活性的细胞因子，可使细胞毒性 T 细胞、自然杀伤细胞和淋巴因子活化的杀伤细胞增殖，并使其杀伤活性增强，还可以促进淋巴细胞分泌抗体和干扰素。白介素-2 能够有效降低机体的易感性，提高机体免疫力，增强抗病能力，具有抗感染、抗肿瘤、抗应激和免疫调节等多种临床功效，可提高家禽的健康状况和生产水平。本品已获批为国家一类新兽药，可通过饮水、滴鼻、点眼、喷雾、肌内注射使用，可与疫苗联合应用。本品最适宜保存于 2～8℃，避免冻融，以免降低其效价，使用前应恢复至室温。

④抗菌肽：一类具有抗菌活性的阳离子短肽的总称，也是生物体先天免疫系统的一个重要组分。目前已有将其基因克隆入酵母中，并能高效表达，可通过发酵优化生产出抗菌肽酵母制剂，代替抗生素预防和治疗沙门氏菌等引起的细菌病。其主要作用特点有：对多种病原体（细菌、病毒、真菌、寄生虫）和癌细胞具有杀伤或抑制作用，而对真核细胞不具细胞毒作用。生物学活性稳定，在高离子强度和酸碱环境中或 100℃加热 10 分钟时仍具有杀菌、抑菌作用。能与宿主体内某些阳离子蛋白、溶菌酶或抗生素协同作用，增强其抗菌效应。具有与抗生素不同的杀菌机制

（菌细胞膜穿孔），不易产生抗菌肽耐药菌株。能与细胞脂多糖结合，具有中和内毒素的作用，因此对革兰氏阴性菌败血症和内毒素中毒性休克具有很好的防治作用。其调节细胞因子表达，可招募并增强吞噬细胞的杀菌作用，而降低由炎症细胞因子引发的炎症反应。

（4）植物提取物　植物提取物具有天然性、低毒、无抗药性、多功能等特点，可对我国传统的中药进行开发。其含有的多糖、生物碱、甙类、脂类、植物色素等生物活性物质以及营养物质，具有抗病毒、抗菌、抗应激、提高机体免疫力、促生长等作用。目前，已有应用的如大蒜素、小檗碱、鱼腥草素、植物血凝素、青蒿素、刀豆素等。

（5）噬菌体制剂　具有独特优势在于治疗效果随着宿主菌的增殖而增强，另外，不存在耐药性，无残留问题，毒副作用小，制备相对容易，成本也较低。

（6）有机酸　研究表明，一些短链脂肪酸及其盐类在畜禽日粮中的作用与促生长抗生素相似，能抑制肠道中有害菌如大肠杆菌等的繁殖甚至能够直接杀灭某些肠道内的致病菌如沙门氏菌。另外，通过降低饲料的系酸力、参与调节消化道内 pH 的平衡、改善饲料报酬来提高动物的生产性能。目前，柠檬酸、乳酸、磷酸、延胡索酸等已常用作酸化剂。

（7）低聚糖　也称功能性低聚糖或寡糖，是 2～10 个单糖以糖苷键连接的小聚合物总称。这类糖经口服进入动物机体肠道后，能促进有益菌增殖而抑制有害菌生长；通过结合、吸收外源性致病菌，充当免疫刺激的辅助因子，改善饲料转化率等，提高机体的抗病力和免疫力。目前，已用作饲料添加剂的有低聚果糖、低聚乳糖、低聚木糖、低聚半乳糖、低聚异麦芽糖、甘露低聚糖、大豆低聚糖等。

（8）酶制剂　目前，生产应用的主要有 2 种：一种是饲料用酶制剂，提高饲料消化、吸收率，减少致病菌在胃肠道中获得营养的机会，并降低麦类等滞留对肠道产生的不利影响，如麦类专用酶以及木聚糖酶、葡聚糖酶、甘露聚糖酶、植酸酶等。另一类是来自噬菌体的专一水解酶，可溶解特定的致病菌株，如噬菌体 3626 水解酶。

85 鹌鹑养殖场如何规范使用兽药？

我国制定了兽药生产、销售和应用的法律法规，目前正倡导减量使用兽药和无抗养殖，停止抗生素饲料添加剂的使用，动物防治疾病必须在兽医指导下开具处方药，规范兽药的使用。

（1）严格掌握兽药的适应证　根据临临床症状，弄清致病原因，选用适当的药物，一般讲革兰氏阳性菌引起的感染，可选用青霉素、红霉素和四环素类药物；对革兰氏阴性菌引起的感染，可选用氟苯尼考等药物；对耐青霉素及四环素的葡萄球菌感染，可选用红霉素、庆大霉素等药物；对支原体或立克次氏体病，可选用四环素族广谱抗生素和林可霉素；对真菌感染，则选用制霉菌素等。

（2）选择最佳抗菌药物　在养鹑场或兽医部门有条件时，最好通过药敏试验，选择敏感药物，确定最佳防治用药措施。

（3）注意兽药的用法和用量　使用药物时应严格剂量和用药次数与时间，首次剂量宜大，以保证药物在鹌鹑体内的有效浓度，疗程不能太短或太长。如磺胺类药物一般连续用药不宜超过 5 天，必要时可停药 2～3 天后再使用。用药期间应密切注意药物可能产生的不良反应，及时停药或改药。给药途径也应适当选择，严重感染时多采用肌内注射给药，一般感染和消化道感染以内服为宜，但严重消化道感染引起的败血症，应选择注射法与内服并用。在应用抗菌药物治疗时，还应考虑到药物的供应情况和价格等问题，尽量优先选择疗效好、来源广、价格便宜的中草药等。

（4）抗生素的联合应用　联合用药一般可提高疗效、减少毒性作用和延缓细菌产生耐药性，应结合临床经验使用。如新诺明与甲氧苄氨嘧啶合用，抗菌效果可增强数十倍；而红霉素与青霉素、磺胺嘧啶钠合用，可产生沉淀而降低药效。因此，用药时应注意发挥药物间的协同作用，避免药物间的配伍禁忌。

（5）防止细菌产生耐药性　除了掌握抗生素的适应证、剂量、疗程外，还要注意到将几种抗生素交替使用，应避免滥用抗生素，以防止产生耐药性。

（6）选择合适的给药方法　使用药物时应严格按照说明书及标签上规定的给药方法给药。在鹌鹑发病初期，能吃料饮水，给药途径也多。在疾病中后期，鹌鹑若吃料饮水明显减少，通过消化途径难以给药，最好选择注射给药。采用内服给药时，一般宜在饲喂前给药，以减少胃内容物对药物的影响。刺激性较强的药物宜在饲喂后给药。饮水给药时，应在给药前2～3小时断水，要让鹌鹑在规定的时间内饮完。混饲给药时，一定要将药物混合均匀，最好用搅拌机搅拌；手工搅拌时可将药物与少量饲料，混匀，然后再将混过药的饲料与其他料混合，这样逐级加大饲料量，直到全部混合完。采用注射给药时，要注意按规定进行消毒，控制好每只鹌鹑的注射量。注射动作应仔细快速，位置准确，严禁刺伤内脏器官或将药液漏出体外。

（7）严格遵守休药期规定　对毒性强的药物需特别小心，以防中毒。为防止鹌鹑肉、蛋产品中的药物残留，严格遵守停药期，特别在出售或屠宰上市前5～7天必须停药，保证产品没有兽药残留超标。

（8）减少兽药对疫苗的影响　在注射疫苗前后48小时，禁用抗病毒药和消毒药，碱性强的药物（如磺胺类药物）也不宜与疫苗同时使用。

（9）做好用药记录　主要内容包括用药目的、用药时间、药物名称、批号、生产厂家、用药方法、用药剂量、用药次数、用药效果、用药开支及鹌鹑的反应等。

（10）注意药物的批号及有效期　抗生素的保存有一定期限，购买药品时要注意药品包装上标明的批准文号，生产日期、注册商标、有效期等条款，防止伪劣假药和过期失效的药品流入养鹑场。

86 什么是疫苗？鹌鹑养殖场如何做好免疫接种？

（1）疫苗及其种类　疫苗指具有良好免疫原性的病原微生物，经繁殖和处理后的制品，用以接种动物能产生相应的免疫力者，这类物质专供相应的疾病预防之用。

疫苗分为活菌（毒）疫苗、灭活疫苗、类毒素、亚单位疫苗、基因缺失疫苗、活载体疫苗、人工合成疫苗、抗独特型抗体疫苗等。临床上常用的有冻干活疫苗和油乳剂灭活疫苗，如鸡痘冻干苗、鸡新城疫Ⅳ系冻干苗、鸡新城疫油乳剂灭活疫苗和禽流感H5亚型油乳剂灭活疫苗等。

（2）活疫苗的免疫方法　鹌鹑预防接种方法有多种，不同的免疫方法则要求不同，注意避免出现接种技术的错误。

①饮水免疫：此法省工、省力，使用恰当效果不错。免疫前停水2～3小时，将疫苗混匀于饮水，再让鹌鹑饮用，控制在15～30分钟内饮完，这样短时间内即可完成每只鹌鹑都能饮到足够均等的疫苗。还需注意用苗前后48小时不得使用消毒剂，消毒剂会影响疫苗的效果；如疫苗的浓度配制不当，疫苗的稀释和分布不均，水质不良，用水量过多，免疫前未按规定停水等都可影响疫苗的效果。

②滴鼻或点眼：用滴管将稀释好的疫苗逐只滴入鼻腔内或眼内。滴鼻或点眼免疫时要控制速度，确保准确，避免因速度过快使疫苗未被吸入而甩出，造成免疫无效。

③气雾免疫：疫苗采用加倍剂量，用特制的气雾喷枪使雾化充分，雾粒子直径在40微米以下，让雾粒子能均匀地悬浮在空气中。需要注意的是，如果雾滴微粒过大，沉降过快，鹑舍密封不严，会造成疫苗不能被鹌鹑吸入或吸入不足，影响免疫效果。

④注射免疫：包括皮下注射和肌内注射。注意严格消毒注射器和针头，选择合适的针头，若针头过长、过粗，疫苗注射到胸腔或腹腔或神经干上，可造成跛行或死亡。

⑤刺种：用刺种针或钢笔尖蘸取疫苗液在鹌鹑的翅膀内侧少毛

无血管部位接种，主要用于鸡痘疫苗的免疫，刺种前工具应煮沸消毒 10 分钟，接种时勤换刺种工具。

（3）疫苗接种的注意事项

①把好疫苗质量关：选择优质的疫苗，了解疫苗的性能和类型，认清疫苗的批号、出厂日期、厂家和用量，切勿使用过期疫苗和非法疫苗。假疫苗质量低劣，真空度、效价等都很差，很难达到免疫效果。

②做好疫苗的运输与保管：冻干疫苗自生产之日起在－15℃条件下可保存 2 年，在 10～15℃条件下只能保存 3 个月。灭活油乳剂疫苗存放于冰箱保鲜层或室温阴凉处，严防冻结和日晒。另外，疫苗运输时也要确保低温，防止疫苗包装标签虽然在有效期内，但效价明显降低甚至失效。

③正确使用疫苗：应按说明书的规定正确使用疫苗，例如新城疫Ⅳ系弱毒活疫苗一般选用生理盐水稀释，要现用现配；可点眼、滴鼻、喷雾、饮水，选择饮水应加倍量；用疫苗前应停水 2 小时左右，严禁用含氯离子的自来水稀释；配好的疫苗尽可能 1 小时内用完；避免阳光直接照射疫苗，否则影响疫苗质量。灭活油乳剂疫苗使用前要从冰箱取出，回温到室温再使用；使用时做到不漏种，剂量准确，方法得当。剩余的苗应该无害化处理，可用消毒液浸泡，也可高压灭菌或焚烧处理。

④避免消毒药对疫苗的影响：冻干疫苗是一种活苗，与消毒剂接触后会失去活力，使疫苗失效，引起免疫失败。在养鹌鹑生产中，每周都使用消毒药对鹑舍、用具进行冲洗或喷雾消毒，还有的养鹑户用 0.05％高锰酸钾液等饮水消毒，用于疾病预防。因此，在接种冻干疫苗前后 2 天内严禁饮用消毒药水，经消毒后的饮水器和食槽，须用清水冲洗干净后才能使用。

⑤防止抗病毒药对活毒疫苗的影响：因抗病毒药在体内可抑制病毒的复制，从而严重抑制活毒疫苗在体内的抗原活性，影响免疫抗体的产生，所以在用疫苗前后 2 天内禁用抗病毒药。

⑥减少疫苗之间的相互干扰：据报道，新城疫弱毒疫苗和传染

性法氏囊弱毒疫苗之间会产生干扰，因此在接种法氏囊炎疫苗后应间隔 7 天以上再接种新城疫疫苗，否则会因法氏囊的轻度肿胀而影响新城疫免疫抗体的产生。

⑦降低母源抗体的中和：母源抗体是指种鹌鹑较高的免疫抗体经卵黄输给下一代鹌鹑，这种天然被动免疫抗体对疫苗免疫有一定的干扰作用，如鹌鹑过早接种疫苗，疫苗会被母源抗体所中和，母源抗体越高，被中和的越多，免疫效果越会受到影响。因此，应根据鹌鹑的母源抗体水平，决定鹌鹑的首次免疫接种日龄。

⑧制订合理的免疫程序：为了更好地达到防疫效果，控制传染病，应根据自身养鹑场实际情况结合当地流行疫情制订适合本养鹑场的免疫程序，科学合理地确定免疫接种的时间、疫苗的类型和接种方法等，有计划做好疫苗的免疫接种，减少盲目性和浪费现象。应定期检测鹌鹑群的血清抗体，掌握鹌鹑群免疫水平。当发现抗体达不到保护水平时，需及时补种疫苗，提高抗体水平。

87 如何检疫？怎么隔离？为何要封锁？

（1）检疫　通过各种诊断方法对鹌鹑及产品进行疫病检查。通过检疫及时发现病鹑，并采取相应的措施，防止疫病的发生与传播。为保护本场鹌鹑群，应做好以下几点检疫工作。

①定期检疫种鹑：对垂直传播性疾病如鸡白痢、禽白血病、慢性呼吸道病等呈阳性反应者，不得作为种用，通过定期检疫和净化措施，建立垂直传播性疾病阴性种鹑群。

②引种时注意检疫：从外地引进鹑苗或种蛋，必须检查是否有供种资质，了解产地的疫情和饲养管理状况，并对种鹑检测，有垂直传播性疾病种鹑场的蛋、苗不宜引种。若是刚出雏，要监督按规定接种马立克氏病疫苗。

③定期进行免疫抗体检测：养殖场对危害较严重的传染病如新城疫、禽流感、马立克氏病等要定期抽样采血，进行抗体检测，依据抗体水平，确定最适免疫时机。对免疫后抗体水平达不到要求，应寻找原因并加以解决，及时调整免疫程序。

④加强饲料监测：不仅需要对饲料成品进行检测，对玉米、小麦、鱼粉、骨粉等原料也需要检测，主要监测黄曲霉菌毒素和细菌学检查，发现有害物质超标或污染病原菌，应少用或不用，或经处理后再用，避免发生中毒或致病。

⑤加强环境监测：定期或不定期地检测空气、饮用水、水杯、料槽、孵化器等病原菌的种类和数量，检测饮用水中细菌总数和大肠杆菌数是否符合卫生指标。

⑥开展药敏试验：定期或不定期对病鹑进行细菌分离、鉴定，测定病原菌对抗菌药的敏感性，减少无效药物的使用，节约经济开支，提高防治效果。

⑦做好流行病学监测：在当地有计划、有组织地收集流行病学信息，注意新发生疫病的动向和特点，以便采取有针对性的防疫措施。

（2）隔离　通过各种检疫的方法和手段，将病鹑和健康鹑分开，分别饲养，目的是控制传染源，防止疫情继续扩大，以便将疫情限制在最小的范围内就地扑灭。隔离的方法根据疫情和场内具体条件不同，区别对待，一般可以分为以下三类。

①病鹑：包括有典型症状、类似症状或经检测为阳性的鹌鹑等，是危险的传染源。若是烈性传染病，应根据国家相关规定无害化处理。若是一般性疾病，则进行隔离，少量病鹑时将有病的剔出隔离；若数量较多，可将病鹑留在原舍，对可疑感染鹌鹑移群隔离。

②可疑感染鹑：指未发现任何症状，但与病鹑同笼、同舍，或有明显接触，有的可能处于潜伏期的鹌鹑，也要隔离，可实行药物防治或紧急防疫。

③假定健康鹑：除上述两类外，场内其他鹌鹑均属于假定健康鹌鹑，也要注意隔离，加强消毒，进行紧急防疫。

（3）封锁　当养殖场暴发某些重要的烈性传染病，如高致病性禽流感、新城疫等，应按规定上报，经政府宣布封锁，对半径3千米内的鹌鹑进行扑杀，扑杀后进行无害化处理，并对环境进行彻底消毒。严禁疫区的动物和畜禽产品对外销售，人员、车辆进出需要严格消毒，对半径 5 千米以内的家禽实行紧急防疫。

88 如何诊断鹌鹑疾病?

疾病诊断包括临床综合诊断和实验室诊断。

（1）临床综合诊断

1）流行病学调查　流行病学调查是疾病诊断的基础，涉及的内容十分广泛，包括地理地貌、季节、生态环境、卫生状况、设备设施、饲养管理、鹌鹑群动态、身体状况、免疫水平、疾病状况（发病群的病情、发病率、死亡率和治疗情况）等。某些传染病的症状虽然相似，但其流行特点和规律不一定相同，有时结合流行病学调查可进行区分。

流行病学调查往往以座谈的方式向养鹌鹑户了解本次疫情流行的情况，内容包括最初发病的时间，随后的蔓延情况，发病期间用药情况，发病鹌鹑的品种、年龄、性别，查明其发病率和死亡率；了解疫情来源和本场过去是否发生过类似的疫病，附近地区是否曾发生过，环境、气候是否发生变化，这次发生前是否从其他地方引进种鹑、畜禽、畜产品、饲料，输出地有无类似疫病存在；另外，了解传播途径和方式，了解当地畜禽调拨以及卫生防疫情况等等。通过以上情况的了解，不仅可以为诊断提供依据，而且能为制订防治措施打好基础。

虽然，通过流行病学调查研究可以做出临床诊断，但这种诊断只是初步的诊断，尚未获得本次疾病发生的确切病因，所以不能称为确诊。但在采取应急措施时可作为依据，因为确诊尚需一定时间，不宜等待！

2）临床症状观察　对个体和群体进行临床观察检查是一种最基本、最常用的疾病诊断方法，主要观察鹌鹑外貌、行为习性、精神状态，检查体温、心跳、呼吸、粪便、可视黏膜、外伤等变化，依据观察检查结果与数据进行分析，可以做出临床诊断，这种诊断同样是初步诊断（印象），但也可以作为采取应急措施的依据。

3）病理解剖　解剖时需要全面检查尸体，也可根据流行病学、临床初步诊断对特定部位、组织器官作重点检查，一般实践经验丰富者可采取后者以争取时间。剖检病例的数量，应依据疾病发生情况、疾病的性质和鹌鹑群组成而定，通常抽样每个发病群不同年龄的鹌鹑、急慢性病例、发病和病死的病例进行剖检。

解剖前须详细观察病鹑的外部变化，如鹌鹑的毛色、营养状况、可视黏膜（眼结膜、鼻腔等）、爪及肛门周围有无粪便污染等，检查皮肤损伤、出血、瘀血、丘疹，检查翅腿关节、趾爪等形状，并作详细记录，以便作病情分析。

以下为解剖后主要观察的组织器官。

①消化系统：首先检查上消化道，观察嘴的外形和硬度，有无损伤；检查口腔、食道和嗉囊黏膜色泽，有无充血、出血、坏死灶、溃疡灶，以及嗉囊内容物性状等。检查胸腹腔有无渗出液，观察渗出液的颜色和容量，检查是否有内容物、附着物、浆膜出血等。检查肝脏被膜色泽、充血、出血、坏死灶、肿瘤结节和附着物的大小及硬度等，切开观察其切面是否外翻。检查脾脏色泽、大小、结节、充血、出血、坏死灶、切面情况等。观察胰腺颜色、大小是否正常，表面有无出血斑点、结节、坏死灶等异常。注意腺胃、肌胃黏膜有无异常，特别是腺胃乳头有无出血、溃疡，胃壁是否增厚肿胀，肌胃检查要剥去角质层后观察有无出血、溃疡等变化；肌胃与腺胃交界处有无出血。注意观察肠系膜及浆膜有无充血、出血、结节，剪开肠管观察其黏膜有无充血、出血、溃疡、坏死等变化，有无寄生虫，肠内容物的性状是否异常，特别要注意泄殖腔黏膜的变化。

②呼吸系统：检查自鼻腔至气管黏膜的色泽，有无充血、出血和分泌物等。观察气囊是否透明，有无渗出物。检查肺的弹性、色泽、充血、出血、质地、结节、坏死灶等。

③神经系统：检查脑膜有无充血、出血，脑实质有无充血、出血、水肿和坏死等病变。检查腿部坐骨神经有无纹路消失、水肿等现象。

④生殖系统：应注意卵巢观察有无肿胀、变形、变色、变硬等，产蛋鹑注意卵黄等形状是否圆滑，卵黄膜的色泽是否正常。公

鹑注意睾丸、输精管有无异常。注意肾脏颜色变化，是否肿胀、充血、出血，有无增生或坏死，输尿管内有无尿酸盐沉积。

⑤免疫系统：检查脾脏有无颜色变化，是否肿胀、充血、出血，有无增生或坏死。检查胸腺有无充血、出血、肿胀、萎缩，检查盲肠扁桃体是否有出血、肿胀。

⑥其他：检查心脏大小，心包膜、心内外膜和心冠脂肪是否有出血；心包液是否清亮，颜色是否正常；心肌的颜色、出血、弹性与致密性等，质地是否正常，有无增生、坏死或肿瘤。

通过流行病学调查、观察临床症状及解剖病死鹌鹑，可以对一般性常见病初步作出诊断，在特殊情况及有条件的情况下可以进一步做实验室检查，以便确诊。

（2）实验室诊断

①微生物学诊断：包括病料的采集，病料涂片、镜检，分离培养和鉴定，动物接种试验。

②病理组织学诊断：主要制作病理切片，观察组织病变。

③血清学诊断：包括凝集反应、中和反应、沉淀反应、补体结合反应、免疫荧光抗体试验、免疫酶技术等。

④免疫学诊断：包括血清学试验；变态反应。

⑤分子生物学诊断：包括PCR技术、核酸探针技术、DNA芯片技术等。

89 鹌鹑疾病可分哪几类？常见的鹌鹑疾病有哪些？

鹌鹑虽小，毛病却少不了，鹌鹑疾病一般分为病毒性传染病、细菌性传染病、寄生虫病、中毒病、营养代谢病和普通病六大类。已有报道的鹌鹑病毒性传染病有禽流感、新城疫、马立克氏病、传染性法氏囊炎、传染性支气管炎、传染性喉气管炎、禽白血病、网状内皮组织增殖病、禽脑脊髓炎、禽腺病毒感染、禽痘等；鹌鹑细菌性传染病有禽沙门氏菌病、大肠杆菌病、禽霍乱、溃疡性肠炎（鹌鹑病）、禽曲霉菌病、支原体感染、衣原体感染、葡萄球菌病等；鹌鹑寄生虫病有鹌鹑球虫病、毛滴虫病、组织滴虫病、隐孢子虫病、绦虫病、蛔虫、外寄生虫病等；鹌鹑中毒病有鹌鹑有机磷农药中毒、药物中毒、黄曲霉毒素中毒、一氧化碳中毒等；营养缺乏与代谢病有维生素 A 缺乏症、维生素 B 缺乏症、维生素 D 缺乏症、维生素 E 缺乏症、钙磷缺乏症、硒缺乏症等；普通病有眼炎、气管炎、嗉囊炎、创伤等。受本书篇幅所限的影响，现介绍 12 种主要鹌鹑疾病。

90 什么是禽流感？怎么诊断和防治？

禽流感是由 A 型流感病毒引起的家禽和野生禽类的高度接触性传染性疾病的各种综合征。禽流感的表现千差万别，从无临床症状感染到呼吸道疾病和产蛋率下降，再到死亡率达 100％的急性败血症不等，最后一种病型称为高致病性禽流感。高致病性禽流感是人兽共患病，被世界动物卫生组织列为 A 类传染病，我国将其列为一类动物疫病；低致病性禽流感被我国列为二类动物疫病。

（1）病原　禽流感病毒为 A 型正黏病毒科流感病毒属，对猪、马、禽及人都能致病，包括鹌鹑。该病毒具有血凝活性，能凝集鸡等禽类和哺乳动物红细胞。禽流感病毒很容易发生基因漂移、转变、重组，导致抗原性变异的频率增加，血清型众多，但多数毒株是低致病性，只有 H5 和 H7 亚型的少数毒株是高致病性的。

病毒存在于病死鹑的各种组织器官和体液等中，常采集肝、脾或脑等组织作为病毒分离鉴定的病料。

禽流感病毒对各种理化因素没有超常的抵抗力，对氯仿等有机溶剂比较敏感；对热敏感，56℃30 分钟、60℃10 分钟、65℃5 分钟或更短的时间均可使之失去感染性；阳光下直射 40～48 小时也可使其灭活；紫外线照射很快将其灭活；氢氧化钠、高锰酸钾、新洁尔灭、过氧乙酸等常用消毒剂均可迅速使其灭活。但禽流感病毒对湿冷有抵抗力，在－20℃低温、干燥或甘油中病毒可保存数月至 1 年以上，病毒在冷冻肉和骨髓中可存活 10 个月以上，在－196℃低温下存活 42 个月以上，在干燥的血块中 100 天或粪便中 82～90 天仍可存活，在感染的机体组织中具有长时间的活力。

（2）流行病学　禽流感病毒在自然条件下能感染多种禽类，至少在50种禽类中发现了禽流感病毒或抗体，其中在自然条件下火鸡、鸡、鸭最为易感，鹌鹑也较为易感，哺乳动物一般不易感。本病毒在野禽尤其野生水禽中感染后，大多数无明显症状，呈隐性感染，从而成为禽流感病毒的天然贮存库。

患禽流感的病禽和病愈带毒禽是主要传染来源，鸭、鹅和野生水禽在本病传播中起重要作用，候鸟也有一定作用。本病通过消化道和呼吸道传染，另外皮肤损伤、眼结膜感染及吸血昆虫也可传播本病，也可经蛋传播。

该病一年四季均可流行，但在冬季和春季多发。

（3）临床症状　潜伏期从几小时到3～5天不等，禽流感的临床症状可表现为从无症状的隐性感染到100%的死亡率，低致病性禽流感和高致病性禽流感的临床症状有许多不同，差异比较明显。

低致病性禽流感临床症状以传播速度快、发病率高、死亡率低、表现呼吸道症状、产蛋下降为主。病鹑表现精神沉郁，食欲减少，呼吸困难，常发出“怪叫”声，眼肿、流泪，流鼻液，腹泻，可能有短时间发热。产蛋率大幅下降，可达50%以上，甚至停产；蛋品质下降，沙壳蛋、软皮蛋和畸形蛋等增多。

高致病性禽流感的临床症状以传播速度快、发病率和死亡率高、肿头、败血症为主。感染高致病性禽流感的病鹑多为急性经过，最急性的病例常突然发病，不出现任何症状，可在感染后10多小时内死亡。急性者病程为1～2天，最早出现的症状是雏鹑死亡增多，病鹑表现精神高度沉郁，缩颈昏睡，羽毛蓬松无光泽，采食量下降或完全废绝，饮水量也明显减少，头部肿胀，眼眶发黑、水肿，眼结膜发炎，眼分泌物增多，体温升高，腹泻，粪便黄绿色并带多量的黏液或血液，无明显呼吸道症状，在发病后的5～7天内死亡率几乎达到100%。

（4）剖检变化　低致病性禽流感病变主要在呼吸道，尤其是窦的损害，以卡他性、纤维性或脓性炎症为特征。喉气管黏膜水肿、充血并间有出血，气管充血、出血，严重的呈出血环样（彩图7-1），在支气管叉处有黄色干酪样物阻塞，眶下窦肿胀，有浆液性至脓性渗出物；气囊膜混浊，纤维素性腹膜炎，胰腺有斑状灰白色至灰黄色的斑状坏死点（彩图7-2），肠道黏膜充血或轻度出血；输卵管黏膜充血、水肿，卵泡充血、出血、变性坏死（彩图7-3）；肾脏肿大、充血。

高致病性禽流感病变表现为内脏器官和皮肤有各种水肿、出血和坏死。病死鹑头部、眼周围和耳水肿，皮下有黄色胶样液体，颈、胸部皮下水肿和充血。胸部肌肉、脂肪和腺胃上有出血斑点，腹部脂肪也有出血斑点。腺胃乳头肿大并有严重的出血点，肌胃角质层下及十二指肠均有明显的出血斑点。肺脏充血、出血，鼻腔、气管、支气管黏膜有充血、出血。肝脏和脾脏肿大，呈暗红色。胰腺水肿并有黄白色坏死，肾脏肿大、出血和坏死。腹膜、肋膜、心包膜、气囊及卵巢充血和出血。心包腔内或腹膜上有纤维素渗出物。输卵管充血、出血，有黏性分泌物。泄殖腔充血、出血、坏死。

（5）诊断　根据流行病学、临床症状和剖检变化可以作出初步诊断，对低致病性禽流感可通过实验室确诊。需提示的是，若怀疑是高致病性禽流感，应立即向当地动物防疫监督机构报告，由动物防疫监督机构或省级以上兽医主管部门批准的单位采样，送国家指定的高致病性禽流感参考实验室鉴定诊断，经国务院兽医主管部门或省级人民政府兽医主管部门认定，由国务院兽医主管部门按照国家规定的程序及时准确公布疫情。严禁私自解剖、采集病料和从事病毒分离鉴定，严禁私自发布疫情，一旦违反将追究法律责任。

（6）防治措施　禽流感是世界性分布的疫病，对该病的防治各个国家都很重视，我国也从多方面采取严格的防范措施，因为该病一旦暴发，造成的经济损失将是无法估量，可对养殖业造成毁灭性的打击。

本病预防主要是严格检疫，把好国门关，防止禽流感从国外传入我国。在引进种鹑、种蛋时，不从有本病疫情的养鹑场甚至地区引种，防止传入本病。养鹑场选址时应远离鸡场、水禽场等，养鹑场严禁饲养鸡、鸭、鹅等其他禽类，以免横向交叉感染。养鹑场应有良好隔离措施，注意避免与野鸟、珍禽接触，严格执行卫生消毒防疫制度，采取综合性防疫措施，避免将本病传入。

接种疫苗是行之有效的防治方法。国家免费强制接种 H5、H7 亚型禽流感油乳剂灭活疫苗或禽流感基因重组苗，能有效预防和控制高致病性禽流感的暴发。H9N2 亚型低致病性禽流感油乳剂灭活疫苗是商业化、自主选择的疫苗，养鹑场可根据本场和当地该疫病的流行情况选择是否接种，若当地流行严重，最好接种，以免被其感染而引起产蛋率大量下降。免疫程序和方法：雏鹑一般在 5～7 日龄时首免，每只 0.3 毫升；25～30 日龄二免，每只 0.5 毫升；以后每隔 6 个月接种一次，每只 0.5～1 毫升。接种部位一般选在鹌鹑翼窝部，接种方式为皮下注射。

具有清热败毒的中草药或双黄连、黄芪多糖等抗病毒中草药制剂，对低致病性禽流感有一定的预防和早期治疗作用，干扰素、白介素等生物制品也有一定的早期治疗效果。

若发生高致病性禽流感疫情，应按照《重大动物疫情应急条例》和《高致病性禽流感应急预案》要求，执行“早、快、严、小”防控措施，立即严密封锁养鹑场，将疫点半径 3 千米内所有禽类扑杀，并将所有病死禽、被扑杀禽及其禽类产品、禽类排泄物、被污染饲料、垫料、污水等按《高致病性禽流感无害化处理技术规范》（NY/T 766）进行无害化处理，严格消毒。关闭疫区内禽类产品交易市场，禁止易感染活禽进出和易感染禽类产品运出。对疫区周围 5 千米范围内的所有易感禽类实施疫苗紧急免疫接种。

91 什么是新城疫？怎么诊断和防治？

新城疫又称亚洲鸡瘟，是由新城疫病毒引起的一种主要侵害鸡、火鸡、野禽、鹌鹑及观赏鸟类的高度接触传染性、致死性疾病，我国将其列入一类动物疫病。本病是危害鹌鹑的主要疫病之一，鹌鹑常突然发病并迅速蔓延，发病率和病死率高，表现呼吸困难，下痢，伴有神经症状，产蛋率严重下降。

（1）病原　本病病原为新城疫病毒，本病毒存在于病鹑的所有组织器官和体液等中，在脑、脾、肺含毒量最高，在骨髓中保毒时间最长。

本病毒在低温条件下抵抗力强，4℃可存活1～2年，－20℃时能存活10年以上。该病毒对消毒剂、日光及高温抵抗力不强，经紫外线照射，100℃ 1分钟，55℃ 45分钟或在阳光直射下经30分钟可被灭活。一般消毒剂的常用浓度可很快将其杀灭，常用的消毒剂有2%氢氧化钠溶液、3%石炭酸溶液、1%来苏儿、0.1%甲醛溶液等。

（2）流行病学　新城疫病毒可感染50个鸟目中27个鸟目240种以上的禽类，鸡、火鸡和野鸡对本病毒非常易感，鹌鹑对本病毒也比较易感。

本病的主要传染源是病鹑和带毒鹌鹑。受感染鹌鹑在症状出现前24小时，其分泌物和排泄物中可发现新城疫病毒。潜伏期的病鹑所生的蛋也含有病毒。本病传播途径主要是呼吸道和消化道，也可经创伤、眼结膜等方式传播。当健康鹑与病鹑或带毒鹌鹑直接接触，或间接摄入被鹌鹑呼吸道或消化道排泄物污染的垫料、饲料或饮水等时，该病即在鹌鹑群中传播开来。昆虫、鼠类的机械携带，以及带毒的鸽、麻雀的传播对本病也具有重要的流行病学意义。

不同发病鹌鹑群的发病率、死亡率差异较大，共同特点是流行期较长，鹌鹑群从发病到恢复正常一般要持续30～40天。

该病一年四季均可流行，但以春、秋季多发，往往呈地方流行性。不同年龄、品种和性别的鹌鹑均能感染，但雏鹑的发病率和死亡率明显高于成年鹌鹑。

（3）临床症状　本病的潜伏期为2～15天，平均5～6天。发病的早晚及临床症状严重程度依病毒的毒力、年龄、免疫状态、感染途径及剂量、并发感染、环境及应激情况而有所不同。

最急性型，发病迅速，一般不表现临床症状，突然死亡。急性型，发病率和死亡率可达90%以上。病初体温升高，精神不振，食欲减少或废绝，但喜饮，倒提时口腔内流出大量黏液，行走迟缓，离群呆立，闭目缩颈，翅尾下垂，眼眶呈紫色；呼吸困难，常发出喘鸣声；腹泻严重，排黄白或黄绿色水样粪便，有时含有血液；产蛋鹑产蛋量下降，软壳、白壳蛋增多，病程长的出现腿麻痹、共济失调等神经症状，一般2～3天死亡。慢性型，发病后期多见，神经症状明显，呈兴奋、麻痹及痉挛状态，动作失调，步态不稳，头颈歪斜，时而抽搐，常出现不随意运动；羽翼下垂，体况消瘦，时有腹泻，最后死亡。

最近几年其流行症状呈现非典型症状，表现精神萎靡不振，病情比较缓和，采食量下降，发病率和死亡率都不高，有零星的死亡现象。病鹑张口呼吸，有“呼噜”声，咳嗽，口流黏液，排黄绿色稀粪，继而出现歪头（彩图7-4）、扭脖或呈仰面观星状等神经症状；产蛋鹑产蛋量突然下降5%～12%，严重者可达50%以上，并出现畸形蛋、软壳蛋和糙皮蛋。其他的如神经症状在慢性病例中也会出现。

（4）剖检变化　主要表现为全身败血症，以消化道和呼吸道最为严重，全身组织器官呈广泛性充血、出血，最常见病变在腺胃、肌胃和肠道。腺胃乳头出血，挤压有脓性分泌物，严重的形成溃疡，腺胃与肌胃交界处黏膜有出血条带（彩图7-5），肌胃角质膜下黏膜出血（彩图7-6），胃内容物变成墨绿色（彩图7-7）；喉头充血、出血，病死鹑气管黏膜脱落，气管充血、出血，有时有黏性分泌物，肺瘀血；小肠和直肠有弥漫性出血，部分出血水肿，严重的可见肠有坏死性结节，剖开可见溃疡面（彩图7-8）；泄殖腔黏膜出血；脑充血、出血（彩图7-9），脑实质水肿；嗉囊内有酸臭液体；肝、脾、肾肿胀，部分病例肝有出血斑和小的灰白色坏死灶，有的病死鹑可见食管、胰腺和脾脏出血，腹腔内有卵黄液与松软的卵巢滤泡。

非典型新城疫剖检可见气管轻度充血，有少量黏液。鼻腔有卡他性渗出物，气囊混浊。少见腺胃乳头出血等典型病变。

（5）诊断　当鹌鹑群突然采食量下降，出现呼吸道症状和排绿色稀粪，产蛋鹑的产蛋率明显下降，应首先考虑到新城疫的可能性。通过对鹌鹑群的仔细观察，发现呼吸道、消化道及神经症状，结合尽可能多的剖检病变，如见到以消化道黏膜出血、坏死和溃疡为特征的示病性病理变化，可初步诊断为新城疫。确诊要进行病毒分离和鉴定；也可通过血清学诊断来判定，例如病毒中和试验、ELISA试验、免疫荧光、琼脂双扩散试验、血凝抑制试验等，其中血凝抑制试验是生产常用、快速、准确的实验室方法。

（6）防治措施　新城疫的预防工作是一项综合性工程，饲养管理、防疫、消毒、免疫及监测五个环节缺一不可，不能单纯依赖疫苗来控制疾病。

加强饲养管理工作和清洁卫生，注意饲料营养，减少应激，提高鹌鹑群的整体健康水平；特别要强调全进全出和封闭式饲养制，提倡育雏、育成、成年鹌鹑分场饲养方式；严格防疫消毒制度，杜绝强毒污染和入侵。

定期做好疫苗接种，目前生产中多采用鸡新城疫疫苗，结合当地疫情，建立科学的、合理的免疫程序很有必要。肉鹑推荐的免疫程序（仅供参考）：7日龄使用鸡新城疫Ⅳ系弱毒苗滴鼻、点眼，24～26日龄鸡新城疫Ⅳ系弱毒苗喷雾或滴口；或7日龄鸡新城疫Ⅳ系弱毒苗点眼＋鸡新城疫油乳剂灭活疫苗每羽0.3毫升皮下注射，15日龄鸡新城疫Ⅳ系弱毒苗点眼、喷雾、滴口。产蛋鹑和种鹑推荐的免疫程序（仅供参考）：7日龄鸡新城疫Ⅳ系弱毒苗滴鼻、点眼＋鸡新城疫油乳剂灭活疫苗每羽0.3毫升皮下注射，15日龄La Sota喷雾免疫或2倍量滴口，开产前1周La Sota 2倍量滴口＋鸡新城疫油乳剂灭活疫苗每羽0.3毫升皮下注射，开产后每6～9个月La Sota 2倍量滴口＋鸡新城疫油乳剂灭活疫苗每羽0.3毫升皮下注射。

一旦发生本病，及时淘汰发病鹑，对病死鹑进行无害化处理，防止疫情扩大。加强对鹑舍的消毒和带鹑消毒，并做好隔离工作。对没有出现症状的鹌鹑可紧急注射鸡新城疫灭活苗，每羽皮下注射0.3毫升，必要时可La Sota饮水＋鸡新城疫油乳剂灭活疫苗皮下注射；同时饲料中增加速补多维，并在饲料或饮水中添加强力霉素、环丙沙星等广谱抗菌药物和一些抗病毒的药物（如抗病毒中草药复方制剂及干扰素等），效果会更好。

92 什么是传染性法氏囊炎？怎么诊断和防治？

传染性法氏囊炎又称甘布罗病，是由传染性法氏囊炎病毒引起的一种高度接触性免疫抑制性传染病，主要发生于鸡，鹌鹑也可感染发病。本病传播快，流行广，发病突然，水样腹泻，胸肌和腿肌呈条片状出血。

（1）病原　传染性法氏囊炎病毒抵抗力很强，耐热，耐阳光、紫外线照射，56℃加热 5 小时仍存活，60℃可存活半小时；耐酸不耐碱，pH2.0 经 1 小时不被灭活，pH12 则受抑制。病毒对乙醚和氯仿不敏感；在污染的粪便、饲料、饮水中可存活 52 天，病鹑舍内可存活 100 天以上。70℃则迅速灭活本病毒，3%煤酚皂溶液、0.2%过氧乙酸、2%次氯酸钠、5%漂白粉、3%石炭酸、3%福尔马林、0.1%升汞溶液可在 30 分钟内灭活本病毒。

（2）流行病学　本病主要发生于雏鸡和火鸡，不过鹌鹑、鸭、孔雀、乌骨鸡也易感。不同品种的鹌鹑均有易感性，3～5 周龄鹌鹑最易感，4—6 月份为流行高峰季节。

病鹑是主要传染源。鹌鹑可通过直接接触和污染了传染性法氏囊炎病毒的饲料、饮水、垫料、尘埃、用具、车辆、人员、衣物等间接传播，老鼠和昆虫等也可间接传播。本病毒不仅可通过消化道和呼吸道感染，经眼结膜也可传播，还可通过污染了病毒的蛋壳传播，但未有证据表明经卵垂直传播。我国不少地区鸡群存在超强毒力的毒株，部分疫苗中也存在超强毒株，需引起养鹑工作者的重视。

本病发病率高（可达 100%），而死亡率不高，一般为 5%左右，也可达 20%～30%，卫生条件差而伴发其他疾病时死亡率可升至 40%以上，雏鹑甚至可达 80%以上。

本病的另一流行病学特点是发生本病的养鹑场，常常出现新城疫、马立克氏病等疫苗免疫接种失败现象，这种免疫抑制现象常使发病率和死亡率急剧上升。

（3）临床症状　本病潜伏期为2～3天，易感鹌鹑群感染后发病突然，病程一般为1周左右，典型发病鹌鹑群的死亡曲线呈尖峰式。发病鹌鹑群的早期症状之一是有些病鹑出现啄自己肛门的现象，随之鹌鹑出现腹泻，排出白色黏稠或水样稀便。随着病程的发展，食欲逐渐消失，颈和全身震颤，病鹑步态不稳，羽毛蓬松，精神委顿，卧地不动，体温常升高，泄殖腔周围的羽毛被粪便污染。此时病鹑脱水严重，趾爪干燥，眼窝凹陷，最后衰竭死亡。急性病鹑可在出现症状1～2天后死亡，3～5天达死亡高峰，以后死亡逐渐减少。在初次发病的养鹑场多呈显性感染，症状典型，死亡率高。以后发病多转入亚临床型，死亡率低，但其造成的免疫抑制严重。

（4）剖检变化　病死鹑肌肉色泽发暗，胸部肌肉和大腿内外侧常见条纹状或斑块状出血（彩图7-10、彩图7-11）。腺胃和肌胃交界处常见出血点或出血斑。法氏囊病变具有特征性，水肿，比正常大2～3倍，囊壁增厚，外形变圆，呈土黄色，外包裹有胶冻样透明渗出物（彩图7-12）。黏膜皱褶上有出血点或出血斑，内有炎性分泌物或黄色干酪样物。随病程延长，法氏囊萎缩变小，囊壁变薄，第8天后仅为其原重量的1/3左右。一些严重病例可见法氏囊严重出血，呈紫黑色如紫葡萄状（彩图7-13）。肾脏肿大，常见尿酸盐沉积，输尿管有多量尿酸盐而扩张。盲肠扁桃体多肿大、出血。

（5）诊断　本病根据其流行病学、病理变化和临床症状可作出初步诊断，确诊需通过实验室方法。

（6）防治措施　本病的预防需实行科学的饲养管理和严格的卫生措施，采用全进全出饲养方式，鹑舍换气良好，温度、湿度适宜，消除各种应激条件，提高鹌鹑免疫应答能力。对60日龄内的雏鹑最好实行隔离封闭饲养，杜绝传染来源。

疫苗免疫接种是比较有效的预防办法。目前使用的疫苗主要有灭活苗和活苗两类，免疫程序的制订可根据琼脂扩散试验对鹌鹑群的母源抗体、免疫后抗体水平进行监测，以便选择合适的免疫时间。

如用传染性法氏囊炎标准抗原作 AGP 测定母源抗体水平，若 1 日龄阳性率<80%，可在 10～15 日龄首免；若阳性率≥80%，可在 14～20 日龄首免。4～5 周龄加强免疫一次，18～20 周龄和 45 周龄时各注射油佐剂灭活苗一次，一般可保持较高的母源抗体水平。

一旦发病，应严格封锁病鹑舍，每天上下午各进行一次带鹑消毒，对环境、人员、工具也应进行消毒。病雏早期用传染性法氏囊炎高免血清或卵黄抗体治疗可获得较好疗效，每羽皮下或肌内注射 0.5～1.0 毫升。在饮水中添加入电解质多维，可有利于康复。

93 什么是马立克氏病？怎么诊断和防治？

马立克氏病是由疱疹病毒引起的一种淋巴组织增生性疾病，鸡是最主要的自然宿主，鹌鹑也会自然感染。本病神经型表现腿、翅麻痹，内脏型可见各种脏器、性腺、虹膜、肌肉和皮肤等部位形成肿瘤。

（1）病原　马立克氏病病毒属于细胞结合性疱疹病毒 B 群，病毒有两种存在形式，即裸体粒子（核衣壳）和有囊膜的完整病毒粒子。核衣壳通常存在于细胞核中，偶见于细胞浆或细胞外液中，有严格的细胞结合性，离开细胞致病性即显著下降和丧失，在外界环境中生存活力很低，主要见于肾小管、法氏囊、神经组织和肿瘤组织中。具有囊膜的病毒子主要存在于细胞核膜附近或者核空泡中，非细胞结合性，可脱离细胞而存在，对外界环境抵抗力强，主要见于羽毛囊角化层中，多数是有囊膜的完整病毒粒子，在本病的传播方面起重要作用。

（2）流行病学　本病主要通过直接或间接接触经空气传播，吸入有传染性的皮屑、尘埃和羽毛引起鹌鹑群的严重感染，被病毒污染的工作人员衣服、鞋靴以及笼具、车辆都可成为本病的传播媒介。雏鹑对本病十分易感，但一般要在 10 周后才表现症状或死亡。日本鹌鹑易感性最大，母鹑的易感性大于公鹑。

（3）临床症状　根据临床症状和病变发生的主要部位，本病在临床上分为神经型（古典型）、内脏型（急性型）、眼型和皮肤型四种类型，有时可以混合发生。

①神经型：主要侵害外周神经，侵害坐骨神经最为常见。病鹑步态不稳，发生不完全麻痹，后期则完全麻痹，不能站立，蹲伏在地上，或一腿伸向前方另一腿伸向后方，呈劈叉特征性姿态；臂神经受侵害时，被侵的侧翅膀下垂；当侵害支配颈部肌肉的神经时，病鹑发生头下垂或头颈歪斜；当迷走神经受侵时则可引起失声、嗉囊扩张以及呼吸困难；腹神经受侵时则常有腹泻症状。

②内脏型：多呈急性暴发，常见于产蛋鹑，开始以大批鹌鹑精神委顿为主要特征，几天后部分病鹑出现共济失调，随后出现单侧或双侧肢体麻痹。部分病鹑死前无特征临床症状，很多病鹑表现脱水、消瘦和昏迷。

③眼型：出现于单眼或双眼，视力减退或消失，虹膜失去正常色素，呈同心环状或斑点状以至弥漫的灰白色，瞳孔边缘不整齐，到严重阶段瞳孔只剩下一个针头大的小孔。

④皮肤型：一般无明显的临床症状，往往在宰后拔毛时发现羽毛囊增大，形成淡白色小结节或瘤状物，多在腿部、颈部及躯干背面生长粗大羽毛的部位。

（4）剖检变化　病鹑最常见的病变表现在外周神经，坐骨神经丛等受害神经增粗，呈黄白色或灰白色，横纹消失，有时呈水肿样外观；病变往往只侵害单侧神经，诊断时多与另一侧神经比较。内脏器官中以卵巢的受害最为常见（彩图 7-14），其次为肝（彩图 7-15）、肾（彩图 7-16）、脾、心、肺、胰、肠系膜、腺胃、肠道和肌肉等，在上述组织中长出大小不等的肿瘤块，呈灰白色，质地坚硬而致密。有时肿瘤组织在受害器官中呈弥漫性增生，整个组织器官变得很大。

（5）诊断　本病根据其流行病学、临床症状和病理变化可作出初步诊断，通过实验室方法确诊。

（6）防治措制　预防本病主要通过加强饲养管理和卫生管理，坚持自繁自养，执行全进全出的饲养制度，避免不同日龄鹌鹑混养；实行网上饲养和笼养，减少鹌鹑与羽毛粪便接触；严格卫生消毒制度，尤其是对种蛋、出雏器和孵化室的消毒，常选用熏蒸消毒法；消除各种应激因素，注意对传染性法氏囊炎、禽白血病等的预防；加强检疫，及时淘汰病鹑和阳性鹌鹑。

疫苗接种是防制本病的关键，在进行疫苗接种的同时，鹌鹑群要封闭饲养，尤其是育雏期间应搞好封闭隔离，可减少本病的发病率。疫苗接种应在 1 日龄进行，可选用火鸡疱疹病毒冻干苗(HVT)、CVI988 和双价疫苗；在存在超强毒的养鹑场，应该使用马立克氏病二价液氮疫苗或 CVI988。

94 什么是鹌鹑支气管炎？怎么诊断和防治？

鹌鹑支气管炎是由禽腺病毒引起鹌鹑的一种自然发生、急性、高度传染性、致死性呼吸道疾病，本病发病快、发病率和死亡率高。

（1）病原　鹌鹑支气管炎病毒与鸡胚致死孤儿病毒是同一病毒，在分类学上属禽腺病毒，与鸡传染性支气管炎的病原冠状病毒完全不同。

禽腺病毒分 3 个血清群，其中Ⅰ群禽腺病毒有一种共同的群抗原，鸡、鸭、鹅和鸽等均已分离获得Ⅰ群腺病毒，鹌鹑支气管炎病毒是禽腺病毒Ⅰ群血清Ⅰ型的代表株；Ⅱ群禽腺病毒包括火鸡出血性肠炎病毒、雉鸡大理石脾病病毒和鸡大脾病病毒，这些病毒具有可与Ⅰ群相区别的群特异抗原；Ⅲ群禽腺病毒包括与鸡产蛋下降有关联的产蛋下降综合征病毒和鸭子上分离获得的类似病毒，具有与Ⅰ群部分相同的抗原。

在自然界，禽腺病毒的抵抗力较强，对酸和热的抵抗力较强，能抗酸而通过腺胃不被杀灭仍保持活性，在室温下可保持活性达 6 个月之久，在 4℃可存活 70 天，在 50℃10～20 分钟、56℃2.5～5 分钟死亡。由于没有脂质囊膜，对氯仿、乙醚等脂溶剂有抵抗力。

（2）流行病学　本病于 1950 年在美国首次发现，呈世界性分布。北美鹑、日本鹑及其他一些家养鹌鹑可经自然传播而感染，鸡和火鸡可隐性感染。本病为高度传染性，在易感群中发病率和死亡率呈暴发性，大多数症状见于 6 周龄以内的鹌鹑。本病主要经呼吸道传染，病毒从呼吸道排毒，通过空气的飞沫传给易感鹑。也可通过被污染的饲料、饮水及饲养用具经消化道感染。本病一年四季均能发生，但以冬春季节多发。鹌鹑拥挤、过热、过冷、通风不良、温度过低、缺乏维生素和矿物质，以及饲料供应不足或配合不当，均可引发本病的发生。

（3）临床症状　潜伏期 1～7 天，3 周龄以内的鹌鹑最严重，较轻的一般无症状。

本病在鹑中突然发病，出现呼吸道症状，并迅速波及全群，死亡率突然升高。病鹑减食、羽毛竖起、蜷缩扎堆、翅膀下垂，出现伸颈、张口呼吸、咳嗽、打喷嚏，呼吸有气管啰音或“咕噜”音，有的出现鼻窦肿胀、流黏性鼻液、流泪等症状。

（4）剖检变化　呼吸型主要病变在呼吸道，气管、支气管中有大量黏液（彩图 7-17），气管充血或呈环样出血（彩图 7-18）；肺炎，气囊混浊，结膜炎，鼻窦或眶上窦充血。有时可见肝脏有针尖样的白色坏死灶，脾脏轻度肿大和多灶性结节，法氏囊黏膜充血、出血，囊腔内积有黄色胶冻状物。

（5）诊断　在雏鹑中突然发生呼吸啰音、咳嗽或打喷嚏，在群间迅速传播并导致死亡，可怀疑鹑支气管炎，结合剖检变化可作出初步诊断，进一步确诊则有赖于病毒分离鉴定及其他实验室方法。

（6）防治措施　做好养鹑场的隔离、封锁工作，防止感染源进入饲养场。加强饲养管理，降低饲养密度，避免鹑群拥挤，注意温度、湿度变化，避免过冷、过热。加强通风，防止有害气体刺激呼吸道。合理配比饲料，防止维生素，尤其是维生素 A 的缺乏，以增强机体的抵抗力。

疫苗免疫接种是控制本病的有效方法。据国外研究报道，鸡产蛋下降综合征油乳剂灭活疫苗对鹑支气管炎有一定的交叉保护作用。

发生鹑支气管炎后，应及时采取抗病毒、补充电解质、控制饮食等综合性治疗措施，同时治疗并发性疾病，一般治疗效果比较好，治愈后不易复发。

95 什么是禽沙门氏菌病？怎么诊断和防治？

禽沙门氏菌病是由沙门氏菌属中的任何一个或多个成员所引起禽类的一大群急性或慢性疾病，包含鸡白痢、禽伤寒和禽副伤寒。诱发禽副伤寒的沙门氏菌能广泛地感染各种动物（包括人类），人类沙门氏菌感染和食物中毒也常常来源于副伤寒的禽肉、蛋品等，因此在公共卫生上非常重要。鹌鹑沙门氏菌病表现为败血症和肠炎，包括鸡白痢和副伤寒等。沙门氏菌广泛存在于外界环境中，是困扰养鹑业发展的严重疾病之一。

（1）病原　沙门氏菌属包括2 100多个血清型，但经常危害人、畜、禽的沙门氏菌仅10多个血清型，鸡白痢沙门氏菌和鸡沙门氏菌分别为鸡白痢、禽伤寒的病原，无运动性，对养禽业危害巨大；副伤寒沙门氏菌是禽副伤寒的病原，能运动，能感染人类。

本菌抵抗力较差，60℃ 10分钟内即被杀死。0.1%石炭酸、0.01%升汞、1%高锰酸钾都能在3分钟内将其杀死，2%福尔马林可在1分钟内将其杀死。

（2）流行病学　各种品种的鹌鹑对本病均有易感性，鸡白痢多发生于雏鹑，以2～3周龄以内雏鹑的发病率与病死率为最高，呈流行性。禽伤寒多发生于仔鹑和成年鹌鹑。禽副伤寒常在孵化后2周之内感染发病，6～10天达最高峰，呈地方流行性，病死率从很低到10%～20%不等，严重者高达80%以上；1月龄以上的鹌鹑有较强的抵抗力，一般不引起死亡；成年鹌鹑往往不表现临诊症状。

本病主要通过消化道和眼结膜而传播感染，也可经蛋垂直传播给下一代。本病一般呈散发性，较少呈全群暴发。

（3）临床症状　鸡白痢特征为雏鹑感染后常呈急性败血症。发病雏鹑呈最急性者，无症状迅速死亡。稍缓者表现精神委顿，绒毛松乱，两翼下垂，缩头颈，闭眼昏睡，不愿走动，拥挤在一起；病初食欲减少，而后停食，多数出现软嗉症状；同时腹泻，排白色稀粪（彩图 7-19），肛门周围绒毛被粪便污染，有的因粪便干结封住肛门周围，影响排粪；由于肛门周围炎症引起疼痛，故常发出尖锐的叫声，最后因呼吸困难及心力衰竭而死。成年鹌鹑感染鸡白痢后，多呈慢性或隐性带菌，可随粪便排出，因卵巢带菌，严重影响孵化率和雏鹑成活率。

日龄较大的鹌鹑往往发生禽副伤寒和禽伤寒，主要发生于饲养管理条件较差的鹑场，最初表现为饲料消耗量突然下降，水泻样下痢，精神萎靡、羽毛松乱、两翅下垂、头部苍白等症状。感染后的2～3 天内，体温上升 1～3℃，并一直持续到死前的数小时。感染后 4 天内出现死亡，但通常是死于 5～10 天之内。

（4）剖检变化　发生鸡白痢，最急性死亡的雏鹑，病变不明显。病程长者，肝肿大，充血或有条纹状出血，内有针尖样灰白色坏死点（彩图 7-20）；出血性肺炎，其他脏器充血；卵黄吸收不良，其内容物色黄如油脂状或干酪样。有些病例在心肌、肺、肝、盲肠、大肠及肌胃肌肉中有坏死灶或结节，心外膜炎，胆囊肿大，脾有时肿大，肾充血或贫血，输尿管充满尿酸盐而扩张，盲肠中有干酪样物堵塞肠腔，有时还混有血液，肠壁增厚，常有腹膜炎。

禽伤寒的最急性病例，眼观病变轻微或不明显。病程稍长的常见有肾、脾和肝充血肿大。在亚急性及慢性病例，特征病变是肝肿大呈青铜色，此外，心肌和肝有灰白色粟粒状坏死灶、心包炎。公鹑睾丸可存在病灶，并能分离到禽伤寒沙门氏菌。

禽副伤寒的病例可见肝、脾、肾充血肿胀，出血性或坏死性肠炎，心包炎及腹膜炎。在产蛋鹑中，可见到输卵管的坏死和增生，卵巢的坏死及化脓，这种病变常扩展为全面腹膜炎。慢性的常无明显的病变。

（5）诊断　按照流行病学、临床症状、剖检变化，并根据养鹑场过去的发病史，可以作出初步诊断。确诊必须进行病原的分离和鉴定，采用鸡白痢玻板凝集试验等血清学方法也可确诊鸡白痢、禽伤寒。

（6）防治措施　通过检疫和净化措施，培育沙门氏菌阴性种鹑群是预防本病的关键。做好孵化、育雏期间卫生消毒措施，加强饲养管理，最大限度地减少外源沙门氏菌的传入，如严格执行兽医防疫管理制度，做好防鸟、防鼠、除猫、除虫等工作。

土霉素、恩诺沙星等常见药物对禽沙门氏菌病具有较好的治疗效果，但需注意避免长时间使用一种药物，可经常更换抗菌药，以免产生耐药性，通过药敏试验筛选敏感药物治疗效果更有保障。

96 什么是鹑大肠杆菌病？怎么诊断和防治？

本病是由大肠杆菌的某些致病性血清型菌株引起的疾病总称，是鹌鹑常见的细菌病，包括急性败血症、脐炎、气囊炎、肝周炎、肉芽肿、肠炎、卵黄性腹膜炎、输卵管炎、脑炎等，分别发生于鹌鹑孵化期至产蛋期，本病的特征是引起心包炎、气囊炎、肺炎、肝周炎和败血症等病变。由于大肠杆菌广泛存在和分布，并随着规模化养鹑业的发展，饲养密度的增加，本病的流行也日趋增多，给养鹑业造成了较大的经济损失。

（1）病原　大肠杆菌革兰氏染色阴性，有鞭毛，无芽孢，有的菌株可形成荚膜，需氧或兼性厌氧，易于在普通培养基上增殖，在麦康凯培养基上可见粉红色的菌落，在伊红美蓝琼脂平板生成带有黑色金属光泽的菌落。

本菌对外界环境因素的抵抗力属中等，对物理和化学因素较敏感，55℃1小时或60℃20分钟可被杀死，120℃高压消毒立即死亡。本菌对石炭酸、升汞、甲酚和福尔马林等高度敏感，常见消毒剂均能将其杀灭，甲醛和烧碱杀菌效果更好，5%石炭酸、甲醛等作用5分钟即可将其杀死，但有黏液、分泌物及排泄物的存在会降低这些消毒剂的效果。在鹑舍内，大肠杆菌在水、粪便和灰尘中可存活数周或数月之久，在阴暗潮湿而温暖的外界环境中存活不超过1个月，在寒冷、干燥的环境中存活较长。

（2）流行病学　大肠杆菌在自然环境、饲料、饮水、鹑舍、鹌鹑本身等均有存在，大肠杆菌是鹌鹑肠道的常在菌，正常鹌鹑体内有10%～15%大肠杆菌是潜在的致病性血清型；垫料和粪便中可发现大肠杆菌；每克灰尘中大肠杆菌含量可达 10^6 个，该菌可长期存活，尤其在干燥条件下存活时间更长，用水喷雾后可使细菌量减少 84%～97%；饲料也常被致病性大肠杆菌污染，但在饲料加热制粒过程中可将其杀死；啮齿动物的粪便中也常含有致病性大肠杆菌；通过污染的井水或河水也可将致病性血清型引入鹌鹑群。

本病主要通过呼吸道感染，也可通过消化道传播，还可通过蛋传播给下一代。临床常见发病率为 5%～30%，发病率因日龄和饲养管理条件不同而异，环境差、日龄小，会使发病率增高。

大肠杆菌是条件性致病菌，潮湿、阴暗、通风不良、积粪多、拥挤以及感染新城疫、慢性呼吸道病等疾病时，均可促进本病的发生。本病的发生没有季节性，一年四季均可发生，但在潮湿、阴暗的环境中易发，各种日龄的鹌鹑均可发生。

（3）临床症状　本病的潜伏期在数小时至 3 天之间。由致病性大肠杆菌引起的疾病在临床上表现极其多样化，有急性败血型、卵黄性腹膜炎、输卵管炎、肉芽肿、脑炎、眼炎等临床类型，本书主要介绍常见的急性败血型和卵黄性腹膜炎两种类型。

急性败血型是临床最常见、也是目前危害最大的一个型，通常所说的鹑大肠杆菌病指的就是这个型，见于各种日龄的鹌鹑，但以雏鹑多发。最急性的病鹑不表现临床症状而突然死亡，或症状不明显。随着病程的发展，病鹑出现精神沉郁，离群呆立，羽毛松乱，有时两翅下垂，食欲减退或废绝，体温升高，呼吸困难，出现张口呼吸，喘气，有湿性啰音，早晚常有咳嗽声，鼻腔暗紫；排黄色或黄绿色稀粪，粪便恶臭，肛门周围羽毛被粪便沾污；严重的伏地不起，腹式呼吸，最后因衰竭而死亡，死亡的鹌鹑会比较消瘦。

卵黄性腹膜炎型俗称“蛋子瘟”，主要发生在笼养产蛋鹑。病鹑的输卵管常因感染大肠杆菌而产生炎症，炎症产物使输卵管伞部粘连，漏斗部的喇叭口在排卵时不能打开，卵泡因此不能进入输卵管落入腹腔而引起本病。广泛的腹膜炎产生大量毒素，可引起发病母鹑死亡。临床上严重病鹑外观腹部膨胀、重坠，肛门周围羽毛沾有蛋白或蛋黄状物。

（4）剖检变化　剖检的病理变化因不同病型而异。

急性败血型主要病变包括心包炎、肝周炎、气囊炎、浆膜炎等，俗称“三周炎”。病理变化的共同特点是纤维素性渗出物增多，附着于浆膜表面，严重的常与周围器官粘连，剖检可见气管和支气管内常有少量黏稠液体；心包混浊、心包积液和纤维素性心包炎（彩图7-21）；气囊炎（彩图7-22），气囊混浊、不透明，但往往可见腹膜炎，有炎性渗出物；肺脏病变明显，根据病程的发展出现不同的病变，有轻微肺炎、单个肉芽肿结节性肺炎和成片性肉芽肿结节性肺炎（彩图7-23）；肝周炎（彩图7-24），肿大，可达正常肝的2～5倍，质碎，有时可见出血点或出血斑，内有大小不等的白色坏死灶；肠充盈，肿胀，为正常肠管的2～4倍，肠道变薄，肠黏膜充血、出血且易脱落，脱落形成肠栓；肾脏有时肿大，并有出血点、坏死灶。少数病例腹腔有积液和血凝块。

卵黄性腹膜炎型剖检可见腹腔内积有卵黄状物，卵泡充血、出血变性、坏死、破裂（彩图7-25），有特殊腥臭味。

（5）诊断　通过实验室病原检验方法，排除其他病原感染（病毒、细菌、支原体等），经鉴定为致病性血清型大肠杆菌，方可认为是原发性大肠杆菌病；在其他原发性疾病中分离出大肠杆菌时，应视为继发性大肠杆菌病。

（6）防治措施　大肠杆菌病的发生具有一定的条件性，病原可能是外来的致病型大肠杆菌，也可能是体内正常情况下存在的大肠杆菌，当环境改变或发生应激时会引起发病。因此，加强饲养管理，保持鹑舍卫生清洁，做好消毒工作，合理通风，保持合理的饲养密度，供应优质饲料和合格的饮用水，采取措施减少与降低粉尘，及时更换产蛋巢窝，可有效预防大肠杆菌病。使用微生态制剂和进行疫苗免疫是防治大肠杆菌病比较有效的方法，微生态制剂预防效果好于治疗效果，在生产中应长时间连续饲喂，并且越早越好；微生态制剂属于活菌产品，不应与抗生素同时使用，并注意其运输和保管。发病严重的鹑场或种鹑场可选择接种禽大肠杆菌病高价油乳剂灭活疫苗来预防，一般需要进行2～3次疫苗免疫，第1

次为4周龄，第2次为18周龄。

大肠杆菌对多种抗生素敏感，但也容易出现耐药性，所以在防治中应经常变换药物或联合使用两种以上药物效果更好。有条件的养鹑场尽量做药敏试验，在此基础上选用敏感药物进行治疗，且应注意交替用药，按疗效投药，这样才能起到较好的治疗效果。无条件进行药敏试验的养鹑场，在治疗时一般可选用下列药物：强力霉素按每千克饲料加100毫克，环丙沙星按每千克饲料加50～100毫克，氟苯尼考按每千克饲料加50～100毫克，连喂4～5天。个别病鹑可按每千克体重肌内注射庆大霉素0.5万～1万单位，或卡那霉素30～40毫克。在饲料中定期添加0.5%大蒜素的预防和治疗效果也比较好。

97 什么是禽巴氏杆菌病？怎么诊断和防治？

禽巴氏杆菌病是一种侵害家禽和野禽的接触性疾病，又名禽霍乱。本病常呈现败血性症状，发病率和死亡率很高，但也常出现慢性或良性经过。

（1）病原　禽多杀性巴氏杆菌是革兰氏染色阴性，不形成芽孢，也无运动性，用瑞氏、姬姆萨氏法或美蓝染色镜检，呈两极杆菌。

本菌对理化因子的抵抗力较弱，极易被常用消毒剂、日光、干燥和高温灭活，如56℃15分钟、70℃10分钟即可杀死该菌；阳光对本菌有强烈的杀菌作用，薄菌层暴露阳光下10分钟即被杀死；常用消毒剂如5%石炭酸、1%漂白粉、5%～10%石灰水等作用1分钟均可杀死该菌。但在血液、分泌物、排泄物及土壤中该菌能存活1周以上，在尸体内则可存活3个月。

（2）流行病学　禽霍乱一年四季均可发生，但以阴雨潮湿、高温季节或秋后多发，常呈散发或呈地方性流行。不同日龄的鹌鹑均可发病，且多见于成年鹌鹑，其发病率和死亡率均较高，危害较大。鸡、鸭、鹅、鸽等家禽及野禽都可感染，而且相互之间可以传播，所以给防治工作带来不少困难。

主要传染源是带菌鹑及病鹑，被该菌污染的环境、饲料、饮水、用具等都可成为传染媒介。该病主要通过鹌鹑的消化道、呼吸道或伤口引起感染，而且病原菌传播速度比较快，一旦鹌鹑群出现最急性禽霍乱死亡病例后，如果饲养管理和卫生条件差，往往也会在1～2天内即可能引起全群发病直至暴发流行。

（3）临床症状　禽霍乱在临床表现上主要为最急性型、急性型和慢性型三种类型。

①最急性型：常见于流行初期，以产蛋高的鹌鹑最常见。病鹑无前驱症状，晚间一切正常，吃得很饱，次日发病死于鹑笼内。

②急性型：在生产上最常见。病鹑精神不振，两翅下垂，缩头蹲伏，不愿活动，行动迟缓；食欲减退甚至废绝，而饮水增加；体温可升高到43～44℃；呼吸困难，口、鼻分泌物增加，病鹑总是试图甩掉积在咽喉部的黏液，不断地摇头，所以又称为“摇头瘟”；排灰白或铜绿色恶臭稀粪，并可能混有血液。发病鹑一般在2～3天内死亡，很少能康复。

③慢性型：多见于流行的后期，往往由急性型转变而来，但近年来也有少部分病例从一开始就表现为慢性型。病鹑贫血，消瘦，呼吸困难，鼻流黏液，持续性腹泻，关节肿大，行走不便，消瘦，病程可达数周甚至几个月。

（4）剖检变化　禽霍乱的剖检典型特征性病变主要有3处：心冠脂肪泼水样出血，十二指肠弥漫性出血，肝脏有针尖样大小白色坏死灶。

①最急性型：无特殊病变，有时只能看见心外膜有少许出血点。

②急性型：可见皮下、腹部脂肪点状出血；心外膜、心冠脂肪严重出血（彩图7-26），心包液增多，呈淡黄色；肝脏肿大，质脆，呈古铜色，表面有许多针尖样大小的白色坏死点（彩图7-27）；十二指肠呈出血性或急性卡他性炎症；肺脏充血，出血，有时出现肉芽样病变。另外，肠道弥漫性出血，呼吸道黏膜出血，肺气肿，气囊炎等也可能出现。

③慢性型：一般表现为局部病变。心包炎；肝周炎，肝有灰白

色坏死灶；气囊炎，气囊混浊、有炎性分泌物；关节炎，关节肿胀，关节腔内有暗红色混浊黏稠液或呈干酪样物质；产蛋鹑可见卵黄性腹膜炎。

（5）诊断　根据病鹑流行病学、临床症状、剖检特征可以初步诊断。确诊需通过实验室方法，取病鹑血涂片，肝脾触片经美蓝、瑞氏或姬姆萨染色，如见到大量两极浓染的短小杆菌，有助于诊断。进一步的诊断须经细菌的分离培养及生化反应，也可以应用一些快速血清学方法诊断。

（6）防治措施　加强鹌鹑群的饲养管理，平时严格执行养鹑场兽医卫生防疫措施，采取全进全出的饲养制度，预防本病的发生是完全有可能的。在该病常发地区的养鹑场，可选择使用禽霍乱弱毒菌苗和灭活菌苗对鹌鹑群进行免疫接种，预防禽霍乱的发生，首次免疫为4周龄，18周龄进行第2次免疫。

发病应立即采取治疗措施，有条件的地方应通过药敏试验选择有效药物全群给药。磺胺类药物、氟苯尼考、红霉素、庆大霉素、环丙沙星、恩诺沙星均有较好的疗效。在治疗过程中，剂量要足，疗程合理，当鹌鹑死亡明显减少后，再继续投药2～3天，以巩固疗效防止复发。

98 什么是鹌鹑溃疡性肠炎？怎么诊断和治疗？

鹌鹑溃疡性肠炎又名鹌鹑病，最早发现于鹌鹑，是由肠道梭菌引起多种幼禽的一种高度致死性传染病，呈地方性流行。病鹑以肝、脾坏死，肠道出血、溃疡为主要特征。

（1）病原　梭状芽孢杆菌是革兰氏阳性菌，两端钝圆，呈杆状。菌体有鞭毛，能运动，单个散在。本菌抵抗力很强，尤其耐热，并能形成芽孢，一般消毒剂不易将其消灭。

（2）流行病学　自然条件下鹌鹑易感性最高，鸡、火鸡、鸽等均可自然感染发病，以多种幼禽多发，鹌鹑常发于4～12周龄。病鹑和带菌鹑为其传染源，经污染的饲料、饮水和垫料，被鹌鹑采食后，通过消化道感染。苍蝇也可传播本病。本病可单独发生，但多与球虫病并发或球虫病后继发，在饲养管理不良、条件恶劣的情况下，也可诱发本病，往往呈散发。养鹑场发生本病后，至少2年要注意预防本病的发生。

（3）临床症状　雏鹑发病呈急性发作，无明显临床症状突然死亡，且死亡率极高，可达100%。慢性病例出现精神沉郁、呆滞、羽毛蓬松、食欲不振，有的排水样白色稀粪，逐渐消瘦，病程约3周，死亡主要发生在发病后5～14天，死亡率为2%～10%，与球虫病并发时，在血痢消失后仍然排水样白痢，死亡率将增高。

（4）剖检变化　最主要的变化是肝、脾和肠道。肠浆膜、黏膜出血，有黄色溃疡，急性死亡者特征性病变为十二指肠出血性肠炎，肠壁有小出血点。病程长者，小肠及盲肠呈现大圆形或椭圆形凸起或粗糙的溃疡斑（彩图7-28），有的形成溃疡性假膜，深入到肌层，引起穿孔，老病灶周围有黑色沉积物（彩图7-29）；脾脏出血肿大，表面有出血斑点；肝脏肿大，表面散布颗粒至绿豆大黄白或灰白色坏死点；其他器官无明显病变。

（5）诊断　根据流行病学调查、临床症状、病理变化可初步诊断，确诊需通过实验室进行病原的分离和鉴定。

（6）防治措施　平时的预防措施。加强饲养管理，注意鹑舍的卫生和环境消毒工作，避免应激因素的发生，在3周龄后要注意预防球虫病。本病目前尚无疫苗预防。

一旦发病，应及早确诊，隔离病鹑。可选用氟苯尼考、环丙沙星、杆菌肽饮水或拌料治疗，链霉素也有较好疗效，磺胺药、土霉素无效。

99 什么是禽曲霉菌病？怎么诊断和防治？

禽曲霉菌病又称曲霉菌性肺炎，是由烟曲霉菌等致病性霉菌引起的一种常见真菌病，多种家禽都能感染，以雏鹑多发，是当前危害鹌鹑的一种重要的常见传染病。本病的特征是在肺及气囊发生炎症和小结节。

（1）病原　该病的病原是曲霉菌属中的烟曲霉菌、黄曲霉菌等，常见且致病力最强的是烟曲霉菌。烟曲霉菌及其分生孢子感染后能分泌血液毒、神经毒和组织毒，具有很强的危害作用。曲霉菌及其孢子对外界环境的抵抗力很强，干热120℃、煮沸5分钟才能杀死，对化学药品也有较强的抵抗力，常用消毒剂如2.5%福尔马林、3%石炭酸、3%氢氧代钠、水杨酸、碘酊等需要作用1～3小时才能将其杀死，对常用的抗生素不敏感。

（2）流行病学　曲霉菌可引起多种禽类发病，雏鹑最易感，特别是20日龄内的鹌鹑，多呈急性、群发性暴发，发病率和死亡率较高；成年鹌鹑多为散发，产蛋率下降，蛋品质下降，沙壳蛋、畸形蛋增多，受精率下降，孵化率下降，死胚增加。曲霉菌污染比较严重时，大日龄的鹌鹑也表现出群发性曲霉菌病，而且症状相当严重，有可能造成大批死亡，需要引起注意。

本病的主要传染媒介是被曲霉菌污染的垫料、空气和发霉的饲料。曲霉菌的孢子广泛存在于自然界，在适宜的湿度和温度下，曲霉菌大量繁殖。引起传播的主要途径是霉菌孢子经呼吸道被吸入而感染；也可经消化道食入发霉饲料而感染。当种蛋保存条件差或孵化环境受到严重污染时，蛋壳受污染，霉菌孢子容易穿过蛋壳而侵入，使胚胎发生死亡，或者出壳后不久即出现症状。养鹑场饲养环境卫生状况差、饲养管理差、室内外温差过大、通风换气不良、过分拥挤、阴暗潮湿及营养不良，都是促进本病流行的诱因。

（3）临床症状　病鹑可见呼吸困难、喘气、张口呼吸，精神委顿，常缩头闭眼，流鼻液，食欲减退，口渴增加，消瘦，体温升高，后期表现腹泻。在食管黏膜有病变的病例，表现吞咽困难。病程一般在1周左右。发病后如不及时采取措施，死亡率可达50%以上。

（4）剖检变化　主要病变在肺和气囊发生炎症和形成结节。病初鹌鹑肺脏出现瘀血、充血，随之出现肉芽肿样病变，再发展便出现黄白色大小不等的霉菌结节，严重时肺脏完全变成暗红色，肺组织质地变硬，弹性消失，时间较长时，可形成钙化的结节（彩图 7-30）；在肺的组织切片中可见分节清晰的霉菌菌丝、孢子囊及孢子。气囊膜混浊、增厚，或见炎性渗出物覆盖，气囊膜上可见有数量和大小不一的结节，有时可见成团的灰白色或浅黄色的霉菌斑、霉菌性结节（彩图 7-31），其内容物呈干酪样。肝脏肿大 2～3 倍，质地易碎，严重时有无数大小不一的黄白色霉菌性结节（彩图 7-32）。肠道刚开始充血，逐渐有出血现象，再发展出现肠黏膜脱落，更严重时出现霉菌性结节（彩图 7-33）。发展成霉菌性脑炎时，脑充血、出血，一侧或双侧大脑半球坏死，组织软化、呈淡黄色或棕色。部分病鹑出现气管、支气管黏膜充血，有炎性分泌物，脾脏和肾脏也见肿大，法氏囊萎缩。

（5）诊断　依靠流行病学调查，检查垫料或饲料是否发霉，结合病理剖检变化可初诊。确诊可以采取病鹑肺或气囊上的结节病灶，通过压片镜检或分离培养鉴定。

（6）防治措施　不使用发霉的垫料和不饲喂发霉变质的饲料是预防本病的关键措施。育雏室空关时，应清扫干净，用甲醛液熏蒸消毒和 0.3%过氧乙酸消毒后，再进雏饲养。保持育雏室干燥、清洁卫生，垫料要经常翻晒和更换，特别是阴雨季节，更应翻晒，防止霉菌滋生，严禁使用发霉的垫料。加强饲养管理，合理通风换气，保持室内环境及用物的干燥、清洁，食槽和饮水器具经常清洗，做好孵化室的卫生。

本病目前尚无特效的治疗方法，发病后立即清除鹑舍内发霉的垫草，停喂发霉的饲料，改喂新鲜的饲料，选择无刺激性和副作用的消毒剂进行带鹑消毒，对尽快控制住该病具有一定的效果。治疗可试用以下几种方法，制霉菌素：每天每只雏鹑用 5 000～8 000 单位拌料饲喂，5～7 天；成年鹌鹑每千克体重 2 万～4 万单位。碘化钾每升饮水中加入碘化钾 5 克，灌服。0.05%硫酸铜连饮 3～5 天。

100 什么是鹌鹑球虫病？怎么诊断和防治？

鹌鹑球虫病是由艾美耳属球虫寄生于肠道引起的一种疾病，对雏鹑危害严重，死亡率可达 15%以上。本病特征性症状为排褐色糊状稀粪，间或排血便，贫血症状明显。

(1) 病原 病原为艾美耳科艾美耳属的球虫，不同种的球虫，在肠道内寄生部位不一样，其致病力也不相同。柔嫩艾美耳球虫寄生于盲肠，致病力最强；毒害艾美耳球虫寄生于小肠中三分之一段，致病力强；巨型艾美耳球虫寄生于小肠，以中段为主，有一定的致病作用。

球虫的生活史属于直接发育型的，不需要中间宿主。球虫在发育过程中，通常经历孢子生殖、裂殖生殖和配子生殖三个生殖阶段。其中，孢子生殖在外界环境中进行，称为外生性发育阶段；而裂殖生殖和配子生殖在体内进行，称为内生性发育阶段；球虫的生活史见图 7-5。鹌鹑摄入具感染性的孢子化卵囊后，卵囊破裂并释放出孢子囊，后者又进一步释放出子孢子。子孢子侵入肠上皮细胞进入裂殖生殖（无性生殖）阶段。首先发育为第一代裂殖体，发育成熟的裂殖体中包含数量不等的裂殖子。成熟的裂殖体释放出的裂殖子再次侵入肠上皮细胞，发育为第二代裂殖体。成熟的第二代裂殖体释放出的裂殖子可再次发育为下一代裂殖体。有的球虫可能有 3～4 个世代的裂殖生殖。在经历几个世代的裂殖生殖后，球虫即进入配子生殖（有性生殖）阶段。最后一代裂殖体释放出裂殖子侵入肠上皮细胞，部分裂殖子发育为小配子体，部分发育为大配子体。小配子体发育成熟后，释放出大量的小配子。小配子与成熟的大配子结合（受精）形成合子，并进一步发育为卵囊。卵囊随粪便排出体外。刚排出体外的新鲜卵囊未孢子化，不具感染性。它们在温暖、潮湿的土壤或添料中，进行孢子生殖，经分裂形成成熟子孢子，成为具有感染性卵囊。发育为孢子化卵囊后才具有感染性。

球虫虫卵的抵抗力较强，在外界环境中不易被一般的消毒剂破坏，在土壤中可保持生活力达 4～9 个月，在有树荫的地方可达 15～18 个月。卵囊对高温和干燥的抵抗力较弱，当相对湿度为 21%～33%时，柔嫩艾美耳球虫的卵囊，在 18～40℃温度下，经 1～5 天就死亡。

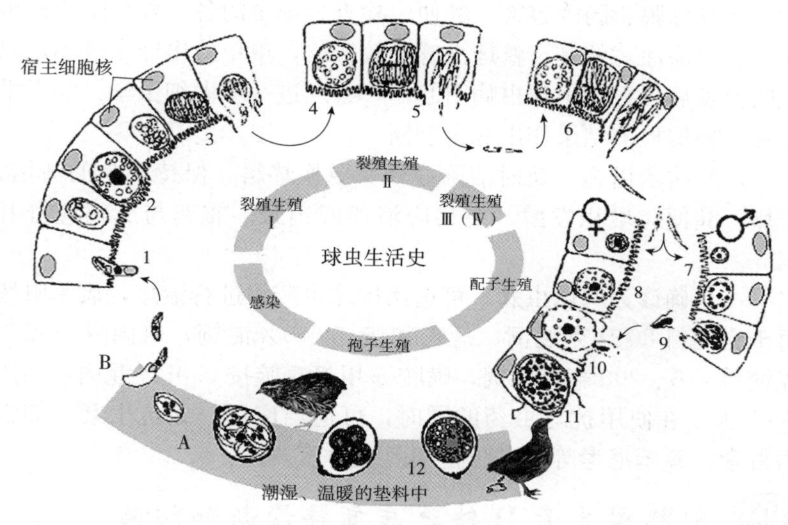

图 7-5　球虫生活史图

（2）流行病学　各个品种的鹌鹑均有易感性，15～50 日龄鹌鹑发病率和致死率都较高，成年鹌鹑对球虫有一定的抵抗力，多为隐性带虫者。病鹑是主要传染源，凡被带虫鹑污染过的饲料、饮水、土壤和用具等，都有卵囊存在。主要通过消化道途径感染，人及其衣服、用具等以及某些昆虫都可成为机械传播者。

饲养管理条件不良，鹑舍潮湿、拥挤，卫生条件恶劣时，最易发病。在潮湿多雨、气温较高的梅雨季节易暴发球虫病。

（3）临床症状　病初鹌鹑活动缓慢，食欲减少，羽毛蓬松，喜蹲伏。继而嗉囊内充满液体，可视黏膜贫血、苍白，逐渐消瘦，发生下痢，粪便沾污肛门羽毛，粪便腥臭，常混有血液、坏死脱落的肠黏膜和白色的尿酸盐。如不及时采取措施，致死率可达 50% 以上。

（4）剖检变化　大多数球虫寄生于肠道。病变主要在小肠后段，肠管膨大，增厚或变薄，肠内容物稀薄，呈黄红色或褐色。肠黏膜出血，糜烂，呈糠麸样。严重的病例肠黏膜有出血条带。

（5）诊断　根据流行病学、临床症状、病理变化可做出初步诊断。从肠黏膜、肠内容物、粪便中检查到球虫的各个发育阶段即可确诊。但需注意的是，鹑球虫感染较普遍，单单检出球虫还不足以说明鹑发病死亡是由球虫病引起的，必须进一步做细菌学、病毒学检测，根据检测结果作出综合判断。

（6）防治措施　及时清除粪便，更换垫料，保持鹑舍的清洁、干燥。粪便应堆积发酵，垫料应消毒或销毁。雏鹑与成鹑应分开饲养。

一旦确诊为鹑球虫病，可选用抗球虫药物进行治疗，氯苯胍按每千克饲料 80 毫克混饲，盐霉素按 0.006%混饲，氨丙啉按每千克饲料 150～200 毫克混饲，磺胺-6-甲氧嘧啶按 0.05%混饲，连用 3～7 天。在使用抗球虫药的同时，可适当应用一些抗生素（如强力霉素、氟苯尼考等）以防止细菌继发感染。

101 鹌鹑维生素 D 缺乏症怎样诊断和防治？

钙磷和维生素 D 的作用相似并且相互促进，维生素 D 和钙磷缺乏或钙磷比例失调，会引起食欲和饲料利用率降低，异嗜癖，生长速度、产蛋量、蛋壳强度和孵化率下降，骨营养不良，严重的会造成佝偻病。

雏鹑易发生骨营养不良，最早的在 10 日龄左右出现症状，大多在 1 月龄前后临床症状明显。病雏鹑表现生长停滞，体质虚弱，骨骼发育不良，两腿无力，行走不稳或不能站立。腿骨变软、变脆，易骨折；喙和趾变软，易弯曲；肋骨也变软，椎肋与胸肋交接处发生肿大，触之有小球状结节。

成年鹌鹑出现骨营养不良主要表现为产蛋减少，甚至停产；蛋壳不坚，硬度下降，造成破蛋率高；严重时薄壳蛋、软壳蛋、异形蛋明显增多。随后产蛋量明显减少，种蛋孵化率降低。少数鹌鹑在产蛋后，往往腿软不能站立，表现出像“企鹅样蹲着”的特别姿势，蹲伏数小时后才恢复正常，严重的病鹌鹑也有胸骨、肋骨、腿、趾变软和行走困难的现象。

根据发病经过、临床症状和病理变化，结合饲料分析，可作出诊断。若要达到早期诊断，或监测预防的目标，需配合血清碱性磷酸酶、钙、磷和血液中维生素D活性物质的测定，以及骨骼X光片等综合指标进行判断。

本病以预防为主，首先要保证日粮中钙磷和维生素D的供给量，其次要调整好日粮中钙、磷搭配的比例，适当的钙、磷比例非常重要，雏鹑和青年鹌鹑日粮中钙和有效磷的比例以2∶1为宜，种鹌鹑日粮中钙和有效磷的比例以3∶1为佳。另外，加强饲养管理，尽可能让鹌鹑子多晒太阳，每天可晒太阳15～50分钟；也可在鹌鹑舍中定期开紫外线灯照射（紫外线灯距离鹌鹑笼1～1.5米，每次照射时间5～15分钟，每天开3～4次），可以有效预防维生素D缺乏症的发生。

当发生维生素D缺乏症时，除在日粮中增加骨粉和维生素D_3制剂外，同时在每千克饲料中添加多种维生素0.5克，并可加喂鱼肝油10～20毫升/千克，一般持续2～4周，疗效较好。个体治疗时病鹌鹑可滴服鱼肝油数滴，每天3次；或肌内注射维丁胶性钙注射液每天0.2毫升，连用7天左右，但也不能操之过急，应根据维生素D缺乏的程度给予相适宜的量，避免盲目加大剂量，否则会对肾脏造成损害，引起中毒。

102 鹌鹑黄曲霉毒素中毒怎样诊断和防治？

黄曲霉毒素中毒是鹌鹑最为常见、极易被忽视和对经济效益影响较大的中毒性疾病，也是人兽共患疾病之一。本病轻则引起生产性能下降（如产蛋量下降，受精率下降等），重则出现消化功能障碍、神经症状、腹水、肝脏受损、全身性出血和肿瘤等症状和病变，危及生命。

黄曲霉毒素中毒因鹌鹑的日龄、采食量、毒素含量和采食时间等，可分成急性、亚急性和慢性3种病型。

雏鹑一般都为急性中毒，有时无症状，迅速死亡。病程稍长时，雏鹑的临床症状表现为精神委顿，食欲废绝，体重轻，羽毛松乱，失去光泽和容易脱毛，常鸣叫，步态不稳，运动失调，甚至严重跛行，面部、眼睛和喙部苍白，两眼流泪，周围潮湿、脱毛。腿和脚部皮肤可出现紫红色出血斑，死亡前常见有抽搐、角弓反张等神经症状，病死率可高达100%。

成年鹌鹑的耐受性相对雏鹑会高些，多呈亚急性或慢性经过，常表现为精神不振，食欲减少，饮水增加，消瘦体弱，容易呕吐、腹泻，排出白色或绿色稀粪，贫血。成年鹌鹑还表现开产推迟，产蛋量下降，蛋品质下降（破壳蛋、沙壳蛋和软壳蛋等增多），孵化率降低。发病鹌鹑易继发细菌性疾病，出现全身恶病质现象。中毒时间较长（一般超过3个月）会诱发各种肿瘤如肝癌、卵巢癌、肌胃癌等，表现腹腔异常肿大，死亡率升高，呈零星死亡。

本病的诊断首先要调查病史，检查饲料品质与霉变情况，结合临床症状和病变，并排除传染病与营养代谢病的可能性，可作出初步诊断，确诊需开展实验室检测。

预防黄曲霉毒素中毒的根本措施是不喂发霉饲料，对饲料定期进行黄曲霉毒素测定，淘汰超标饲料。鹑舍内要通风良好，保持适当湿度，加强饲养管理和卫生工作，料槽要保持清洁，避免堆积过久而结块发霉，喂料要少给勤添，保持垫料干燥，如有潮湿或霉变，应及时更换。

目前，没有治疗黄曲霉毒素中毒的特效药物。鹌鹑群如果发生黄曲霉毒素中毒时，应立即更换饲料，给予含碳水化合物较高、易消化的饲料，减少或不喂含脂肪多的饲料，加强护理，一般会恢复。当黄曲霉毒素中毒严重时，除立即更换饲料外，应及早给予盐类泻剂，如硫酸镁，促进毒素的排出；使用保肝止血药物，5%葡萄糖水让其自由饮用，同时供给维生素A、维生素D和复合维生素B，可缓解中毒症状；因黄曲霉毒素会抑制免疫功能，使免疫力下降，需注意使用抗生素以控制并发性或继发性疾病感染。病鹌鹑的排泄物中都含有毒素，鹌鹑场的粪便要彻底清除，集中用漂白粉处理，以免污染水源和环境。被毒素污染的用具可用2%次氯酸钠溶液消毒。

103 鹌鹑发生有机磷农药中毒怎么诊断和防治?

病因主要是误食了喷洒有机磷农药（常见的有 1605、敌百虫、乐果、敌敌畏）的青菜、植物等青饲料原料而引起中毒。有机磷农药中毒发生后往往来不及治疗，就发生大量死亡，因此应加强日常的饲养管理。

鹌鹑群突然大批死亡，病鹑表现突然停食，精神不安，运动失调，大量流口水、鼻液，流眼泪，呼吸困难，两腿发软，频频摇头，全身发抖，口渴，频排稀便。濒危时，瞳孔收缩变小，口腔流出大量涎水，倒地，两肢伸直，肌肉震颤、抽搐，昏迷，最后因抽搐或窒息而死亡。

剖检时上呼吸道内容物可嗅到大蒜气味，血液呈暗黑色，肌胃内容物呈墨绿色（彩图 7-33），肌胃黏膜充血或出血。肝脏、肾脏呈土黄色，肝肿大、瘀血。肠道黏膜弥漫性出血，严重时可见黏膜脱落。喉气管内充满带气泡的黏液，腹腔积液，肺瘀血、水肿，有时心肌及心冠脂肪有出血点。

饲喂的青饲料必须确认其原料没有被农药喷洒或污染。若早期发现鹌鹑有机磷农药中毒，治疗可用解磷定注射液，成年鹌鹑每只肌内注射 0.5 毫升（每毫升含 40 毫克）。首次注射过后 15 分钟再注射 0.5 毫升，以后每隔 30 分钟服阿托品半片（每片 1 毫克），连服 2～3 次，并给予充分饮水。雏鹑首次内服阿托品片 1/3～1/2 片以后，按每只雏鹑 1/10 片剂量溶于水后灌服，每隔 30 分钟 1 次，并给予大量的清洁饮水。不论成年鹌鹑或雏鹑，在灌服药物前先用手按在食道及食道膨大部，有助于药物的进入。鹌鹑发生有机磷农药中毒若发现得迟，则基本没有治疗的价值，需对病死鹑进行无害化处理，避免污染水源和环境。

八、废弃物无害化处理与利用

104 我国环境保护法对畜禽养殖废弃物有什么新要求？

《中华人民共和国环境保护法》（简称《环境保护法》），在1989年12月26日正式公布，自公布之日起施行。2014年4月24日，十二届全国人大常委会第八次会议表决通过了《环境保护法修订案》，已于2015年1月1日施行。

我国环境保护法与时俱进，是一部"长牙齿"的法律，是一部能对民怨极大的污染现象打出硬拳头的法律，使"美丽中国"的建设有法可依。《环境保护法修订案》提供了一系列足以改变现状、有针对性的执法利器，主要有：一是新增"按日计罚"的制度，即对持续性的环境违法行为进行按日、连续的罚款。这意味着，非法偷排、超标排放、逃避检测等行为，违反的时间越久，罚款越多。二是新实施的环境保护法罕见地规定了行政拘留的处罚措施。三是环境保护法明确了地方政府责任，实行官员追责制，避免了地方保护。

《环境保护法修订案》一个核心目的是促进优化发展，服务产业发展，支持绿色循环发展。环境保护法实施以来，我国畜禽养殖污染治理受到各级政府高度重视，各地按照国家出台的法律法规，结合实际科学划定了畜禽养殖禁养区、限养区，制定了清理整治方案，一大批不符合规定的畜禽养殖场（户）被清理关闭，广大畜禽养殖户的环保意识和养殖废弃物综合利用能力明显增强。

对于畜禽养殖户来说，要深刻认识养殖废弃物处理的重要性，一定不要触碰法律红线，明明知道没有经过环评还在建场，明明知道环保设施不全还在进行养殖，明明知道未经处理还在直接排放，这些都是坚决不允许的，并会受到严厉处罚，甚至因此而被行政拘留。为此，畜禽养殖业应积极行动，切实进行畜禽粪便治理，通过无害化处理和综合利用使粪污达到无污染排放的目的。

为此，畜禽养殖业必须建好三大工程。一是雨污分流工程。要确保雨水等不进入养殖粪便排污沟或排污管道，以及沼气池和粪液储存池，必须建好雨水单独排放的沟或管道，切实做到雨污分流。二是干湿粪分离工程。干湿粪分离可采取人工和机器分离的办法。人工分离主要是针对小规模养殖场。规模相对较大的养殖场需要安装干湿分离机实现干湿粪分离，要将其作为畜禽养殖污染减排的一项硬性要求。同时，要建设干粪堆放场和粪液储存池。三是废弃物综合利用工程。畜禽养殖场的废弃物，需要采取综合利用的形式予以消化，可变废为宝，从而产生良好的经济效益和社会效益。

105 乡村振兴战略对畜禽养殖废弃物有什么新要求？

实施乡村振兴战略，是党的十九大作出的重大决策部署，是决胜全面建成小康社会、全面建设社会主义现代化国家的重大历史任务，是新时代“三农”工作的总抓手。实施乡村振兴战略，应按照产业兴旺、生态宜居、乡风文明、治理有效、生活富裕的总要求，加快推进农业农村现代化。其中产业兴旺、生态宜居放在第一、第二的重要任务。产业兴旺，就是要以推进农业供给侧结构性改革为主线，以构建现代农业产业体系、生产体系、经营体系为抓手，促进农村一二三产业融合发展，延伸农业产业链、价值链，提高农业综合效率和竞争力。生态宜居，就是要适应生态文明建设要求，因地制宜发展绿色农业，搞好农村人居环境综合整治，尽快改变许多地方农村污水乱排、垃圾乱扔、秸秆乱烧的脏乱差状况，促进农村生产、生活、生态协调发展。可见，乡村振兴战略从生态文明出发，提出加强对畜禽养殖废弃物治理，倡导发展绿色畜牧业。

鹌鹑具有体型小、生长快、性成熟早、产蛋早、产蛋多、吃料少、排泄少、适应性强、耐粗饲、抗病力强等特点，并且鹌鹑投资少，见效快，养殖效益高，是我国乡村振兴战略中畜牧业发展的优选项目。鹌鹑粪便干燥，几乎不需要再进行干湿分离，通过发酵可成为优质的有机肥，有利于生态文明建设。可见，鹌鹑养殖业是符合乡村振兴战略发展要求的产业兴旺的优选项目。

106 我国畜禽养殖废弃物的现状是什么？

2017 年全国人大常委会执法检查报告中指出，我国每年产生畜禽养殖废弃物近 40 亿吨、主要农作物秸秆约 10 亿吨，一般工业固体废物约 33 亿吨，工业危险废物约4 000万吨，医疗废物约 135 万吨，建筑垃圾约 18 亿吨，大中城市生活垃圾约 2 亿吨。畜禽养殖废弃物成为我国最大的固体废物来源，超过工业固体废物，更是远远超过市民生活垃圾，而我国畜禽养殖废弃物资源化利用不及 60%（发达国家畜禽养殖废弃物已超过 75%），畜禽养殖废弃物产生了大量的废气、废水，污染了空气和河流，与生态文明和美丽乡村建设格格不入，并且滋生和存在着大量病原微生物，存在巨大的生物安全风险。

我国农业源污染中，比较突出的是畜禽养殖业污染问题。据《第一次全国污染源普查公报》显示，我国畜禽养殖业的化学需氧量、总氮和总磷分别占农业源的 96%、38%和 56%。畜禽养殖业快速发展带来的废物和污水排放量剧增，已成为农村三大面源污染之一。

可见，畜禽养殖废弃物已成为国家高度关注、人民群众普遍关心、必须进行综合治理和资源利用的重点民生问题。

107 什么是生态循环养殖？生态循环养殖模式有哪些？

（1）生态循环养殖的概念　所谓生态循环养殖是指根据不同养殖生物间的共生互补原理，利用自然界物质循环系统，在一定的养殖空间和区域内通过相应的技术和管理措施，使不同生物在同一环境中共同生长，实现保持生态平衡、提高养殖效益的一种养殖方式。生态循环养殖有利于养殖过程中物质循环、能量转化和提高资源利用率，减少废弃物、污染物的产生，保护和改善生态环境，促进养殖业的可持续发展。

（2）发展生态循环养殖的意义　生态循环养殖在我国具有悠久的历史。人类最初从事的生产活动就是生态农业，其中包括生态养殖。但随着养殖业的高速发展，规模化养殖场排出的大量粪污造成了环境污染，各种抗生素和药物的滥用造成了病原微生物抗药性的增强以及畜禽产品药残的增加，严重危害着人类的健康。在全社会环保意识与食品安全意识日益增强的大背景下，关注环保、关注食品安全已成为我国未来发展的基本国策。

①生态循环养殖业利用食物链传递和能量流传递的方式，减少了养殖业对于配合饲料的依赖，有利于降低养殖成本并缓解当前粮食紧张的局面。在生态循环养殖的整个过程中大大减少了粪污向环境中的排放，改善了养殖场的周边环境，使畜禽养殖与自然环境和谐相处，进行环境友好型养殖生产，以满足新时代社会主义人民日益增长的优质生态环境需要，实现养殖经济效益、社会效益和生态效益协调兼顾共赢之路。

②生态循环养殖有利于生产出绿色健康的畜产品。在当前食品安全事故频发的背景下，百姓越来越重视食品的食用安全和营养品质，这其中就包括了养殖过程中各种饲料添加剂的使用和药物残留。生态循环养殖在生产过程中远离各种激素类添加剂和某些抗生素药物，并在达到以上效果的基础上并不会削弱畜禽的健康状况，有利于为人们生产出绿色健康的食品。

③生态循环养殖有利于生产出高营养价值的畜产品。目前为止，生态循环养殖中微生物发酵关键技术和利用蝇蛆、蚯蚓降解粪尿技术已经非常成熟。利用微生物的充分发酵可以大大减少粪尿中各种病原微生物，并达到低臭甚至是无臭的效果。还可以将粪尿转化为蝇蛆和蚯蚓可以有效利用的食物，蝇蛆和蚯蚓再转化为营养丰富的氨基酸和蛋白质并被畜禽利用，最终大大提高了畜产品的营养价值和食用品质，迎合了当前人们对于畜产品的营养、安全的要

求，同时可以大大提高我国畜产品在国际市场上的竞争力。

（3）生态循环养殖业的特征

①生态循环养殖业是以一种或少数的几种畜禽养殖为中心，同时配置其他相关产业，如种植业、园艺花卉、肥料业或者其他养殖业实现无污染排放等，把资源的循化利用与环境保护有机结合起来。

②生态循环养殖系统内部以“食物链”的形式不断地进行着物质循环和能量的流动和转化，以保证系统内各个环节上生物群的同化作用和异化作用的正常进行。系统内的各个环节紧密联系，上游环节出现波动将会导致下游环节的难以控制，甚至是失去原来的平衡。

③生态畜牧业中，物质循环和能量循环网络是完整统一的，通过这个网络，系统向环境中的污染排放明显减少，大大降低了饲料成本，并有效地提高了畜产品的营养品质与食用品质，实现了良好的经济效益和环境生态效益。

（4）生态循环养殖业的几种主要模式

①散养、放养（放牧）与种养结合模式：这也是最接近原始养殖的模式。如林（果）园养鸡、稻田养鸭、树林养猪等。主要通过用林木、果树、作物、中药材等种植业与畜禽养殖结合，从而有效解决并利用畜禽粪便，减少化肥农药用量，以生产优质水果和畜禽。但这种养殖方式有着非常严重的局限性，这种养殖是以自然饵料为主，受自然环境和季节影响较大，需要良好的生态环境，生产水平比较低，不适合大规模的批量生产，这种养殖模式适合在山区、谷地或者有大片树林、果园、作物带的地区推广，这种模式并不适合鹌鹑养殖。

②立体养殖模式：主要有禽（鸡鸭鹅鸽鹌鹑）—猪—鱼、禽—鱼蛙—果—草等模式。通过用饲料喂鸡，鸡粪喂猪，猪粪发酵后喂鱼，或者畜禽粪便入池，肥水再转化成浮游生物，为鱼、蛙提供天然饵料，塘泥作农作物肥料。这种养殖模式虽然可以减少粪尿对环境的排放，但是由于延续了把粪尿未进行无害化处理直接饲喂猪、

鱼等下游动物，易诱发各类疾病在种群间甚至跨物种的传播。另外，畜禽粪便中还含有大量的抗生素、重金属、病原微生物等有毒有害物质，容易造成残留并传播疾病，所以从卫生防疫的角度来看，在立体养殖中粪便必须进行无害化处理。鹌鹑养殖早期也有部分地区养殖场曾选择这一立体养殖模式，但现在国家已明确禁止畜禽粪便不经过无害化处理而直接喂饲其他动物，目前此种模式同样不适合鹌鹑养殖。

③以沼气为纽带的种养模式：利用沼气池或者沼气罐在厌氧环境中通过微生物发酵将粪便转化为沼气、沼液、沼渣等再生资源，利用其沼液、沼渣用于养殖鱼、蚯蚓，用蚯蚓作动物饲料，沼液、沼渣还用于种植果木、花草、粮食等经济作物，建立畜禽养殖与种植资源综合利用生态链。但在实践过程中，畜禽粪尿虽经发酵但因发酵温度不够，无法彻底杀灭粪便中的病原微生物或寄生虫卵，可能造成动物疫病的传播流行，并危害社会公共安全。

此模式适合规模化大型养殖企业，例如北京德青源禽业有限公司通过将鸡粪发酵过程中产生的甲烷收集并发电，2009 年实现了并网，这在当时是国内乃至世界上第一个利用鸡粪产生的沼气发电的项目。德青源每年向华北电网提供1 400万千瓦·时电，相当于3 500户居民一年的用电量，全年算下来约有 800 万元。同时，德青源每年还能实现二氧化碳减排 8.4 万吨，这些减排指标卖给发达国家，每年收入大约 600 万元。

④以微生物、蝇蛆和蚯蚓为核心的种养模式：在西方许多发达国家，早就运用人工养殖蝇蛆和蚯蚓处理养殖场的粪便和城市垃圾。在养殖业中通常是先将畜禽粪便用 EM 菌或类似的多种微生物进行充分发酵，再把发酵好的粪便用来饲养蝇蛆和蚯蚓，然后用蝇蛆和蚯蚓代替精饲料饲喂鸡、青蛙、牛蛙等经济动物，利用完的粪便经过一定处理后用来生产肥料。整个过程中蝇蛆和蚯蚓自身产生的消化酶和天然抗生素可以杀死粪便中残留的病原微生物，再加上上游微生物的发酵作用，病原微生物的数量可以降

低到零。这种养殖模式具有粪便转化效率高、低污染甚至是零污染的特点，适合大规模推广。目前在我国广东和广西的部分地区已经成功应用，取得了良好的效果和经济效益。同时蚯蚓也是一种药用价值极高的传统中药，可以用来治疗多种人类和动物的疾病，还可以产生额外的经济效益。这种模式值得鹌鹑养殖业学习和推广应用。

（5）几种比较典型的养殖模式

①初级模式：主要是以养殖鸡、猪等畜禽为核心，产生的粪便经过特制微生物发酵后再用来养殖蝇蛆和蚯蚓，再把养殖好蝇蛆和蚯蚓用来饲喂畜禽。饲养蝇蛆和蚯蚓的废弃物用来种植粮食和蔬菜，这些蔬菜和粮食可以用来出售，也可以继续用来饲养畜禽。

②中级模式：畜禽养殖所排放的粪便用来养殖蝇蛆，养殖蝇蛆后的粪便用来饲养蚯蚓，养殖蚯蚓后的粪便用来种植粮食蔬菜，生产出的粮食和蔬菜用来饲喂畜禽。蝇蛆和蚯蚓可以用来养鱼和饲喂畜禽。EM微生物制剂可以作用于以上的每一个环节，可以用来发酵粪便来去除病原微生物和粪臭；可以净化畜禽舍和鱼塘的环境和水质；还可以用来发酵由粪便转化而来的肥料。

③高级模式：在中级模式的基础上加入了大规模养殖场、果园生产、桑园生产、养蚕、沼气池发酵、特种水产养殖、农村生活垃圾以及人粪处理、绿色蔬菜生产等环节，更能高效地处理人畜粪便，并将发酵后的粪便多次利用，能生产出种类更多的副产品。在生态循环养殖的基础上配套食品、中药材等其他产品的生产加工，使传统农业由以前的粗放型逐渐向精细型转变。

各级政府应该认真调研，详细规划，将发展生态养殖业作为一项系统工作制定近期和中长期的发展规划，完善有关的法规制度和有效发展机制，建立适合生态养殖业发展的创新机制。因地制宜，探索适合当地的良性生态循环的养殖模式，对现有的规模化养殖场以项目的形式加以引导，真抓实干，树立典型，示范推广，促进其逐渐朝着生态循环养殖业转变，提高集约化养殖环境控制能力，加强设施建设。鹌鹑养殖业应顺应新时代畜牧业发展趋势，积极对接，主动构建生态循环养殖体系，实现粪污零排放，以获取最大的生态效益、经济效益和社会效益。

图 8-1　鹌鹑场

108 如何从饲料环节就采取有效措施以降低畜禽养殖废弃物的排放？

饲料中营养物质不平衡及饲料利用率低是导致畜禽排泄物中养分含量过高的主要原因。在畜禽排泄物中，对环境影响较大的元素主要有氮、磷、铜、锌等。研究表明，在精确估测特定畜禽的营养物质需求参数和准确了解饲料原料组成及畜禽生物学习性的基础上，通过日粮营养调控及合理使用饲料添加剂可以降低畜禽排泄物中的氮、磷、铜、锌、砷的含量，改善畜禽体内环境，提高饲料转化率，减轻畜禽养殖场对生态环境造成的压力。

（1）选用符合要求的饲料原料　首先要选择易消化、营养变异小的饲料原料。据测定，饲料利用率每提高 0.25 个单位，可以减少粪中氮的排出量 5%～10%；其次要选择毒害成分低、无污染、安全性高、抗营养因子易消除的原料。在饲料加工方面，对各种谷物饲料原料的粉碎粒度大小要适中，通过制订科学配方，将原料充分搅拌、混合均匀后，在有条件的场（厂）宜采用膨化和制颗粒加工技术，可破坏或抑制饲料中的某些抗营养因子及有害物质，以提高畜禽对饲料的消化率。据报道，饲料制粒后，干物质和氮的排泄量分别降低 23%和 22%。

（2）节能减排型饲料研发　通过饲料原料近红外光谱分析技术（NIRS）、配方设计氨基酸平衡技术及饲料酶制剂应用技术对现有鹌鹑不同阶段的饲粮进行系统而科学地优化设计与改良，在不影响生产性能前提下，充分利用本地饲料资源，研发出适用于本地的鹌鹑节能减排型饲料，降低饲料成本投入，减少鹌鹑粪便中碳氮磷排放。

①氨基酸平衡技术的利用：控制氮的排泄要利用氨基酸平衡营养技术，在鹌鹑日粮中确定必需氨基酸之间以及必需氨基酸和非必需氨基酸之间组成和比例，增加赖氨酸、蛋氨酸等必需氨基酸，使鹌鹑对这些蛋白质的利用率力争为100%，并且不影响鹌鹑的生产性能，从而合理降低豆粕等高蛋白质原料的使用量。

②应用低蛋白日粮：利用氨基酸平衡技术，通过添加工业合成氨基酸，降低豆粕等蛋白原料用量，增加棉粕、菜籽粕等杂粕，配制低蛋白日粮。研究表明，日粮的蛋白质水平降低2个百分点或更多，提高日粮氮的利用率，可减少畜禽粪污中氮的排泄量20%～50%，粪污中氨气的释放量下降20%～25%，粪污中的臭味物质显著减少。

③合理使用酶制剂：合理使用酶制剂可以通过补充畜禽体内消化酶的分泌不足或提供畜禽体内不存在的酶而提高畜禽对饲料的消化率。Baidoo等（1998）研究结果表明，在饲料中添加酶制剂可以使仔猪对饲料的消化率提高10%，使生长猪对饲料的消化率提高5.3%。外源酶制剂的添加增强了畜禽降解饲料的能力，从而提高了饲料消化率，降低了不可消化养分的排出量。

④功能性饲料添加剂筛选优化：通过生产试验，以生产性能和经济效益为指标，对不同种类、不同组合方式与用量的微生态制剂、中草药复方制剂、酸化剂及其他功能性添加剂进行测试比较，筛选出适用于本地的功能性鹌鹑饲料添加剂，更进一步对鹌鹑饲料营养供给进行提质增效，改善鹌鹑肠道消化吸收能力，提高鹌鹑体质，减少疾病的发生，增加鹌鹑养殖的经济效益。

⑤合理添加矿物质：实践证实，在饲料中添加矿物质，可保障

产蛋等生产性能，但过多添加矿物质也会产生一定的不良后果。首先，矿物质经过吸收进入机体，导致肌肉组织中铜、锌等的含量增加。其次，粪便中含有铜和锌，通过排泄造成环境污染。

109 鹌鹑养殖场的养殖废弃物有哪些？有什么危害？

鹌鹑体型小、吃料少、排泄少、粪便干燥，是典型节粮减排的小型动物，鹌鹑养殖场的养殖废弃物并不多，主要包括鹌鹑粪便、病死鹌鹑、污水、废气、伤残鹌鹑、含有羽毛的废弃物、粉尘等。

（1）粪便的危害　主要有两个方面：一方面是粪便中含有未被消化吸收的蛋白质，排出体外24小时后会被分解成氨气，是鹑舍最常见和危害较大的气体。氨气无色，具有刺激性臭味，人可感觉的最低浓度为4毫克/米^3，易被呼吸道黏膜、眼结膜吸附而产生刺激作用，使结膜产生炎症；吸入气管使呼吸道发生水肿、充血，分泌液充塞气管；氨气可刺激三叉神经末梢，引起呼吸中枢和血管中枢神经反射性兴奋；氨气还可麻痹呼吸道纤毛或损害黏膜上皮组织，使病原微生物易于侵入，从而减弱鹌鹑对疾病的抵抗力；影响食欲，使发病率和死亡率上升，降低生产性能。另一方面是粪便含有许多病原微生物、寄生虫和虫卵，粪便中常见的病原微生物有大肠杆菌、沙门氏菌，据研究每克粪便中含有大肠杆菌可达10^6～10^7个。另外一些病毒如禽流感病毒、新城疫病毒、传染性法氏囊炎病毒等都能通过粪便传播，是疾病传播的主要传染源。

可见，及时清理粪便可有利于改善鹑舍中空气质量，同时对粪便进行无害化处理，可减少鹑舍中病原微生物和虫卵的数量，降低发病的风险，从而有利于鹌鹑群的健康。

（2）病死鹌鹑　鹌鹑之所以生病和发生死亡，是由于鹌鹑身体的正常功能受到损害，既有由普通病引起的，但更多的是由传染病所引发的。据不完全统计，传染病所引发的病死鹌鹑数占总的病死鹌鹑数的90%以上。可见，病死鹌鹑滋生了大量病原微生物，是疾病传播最常见的重要传染源。病死鹌鹑会通过污染饲料、饮水、空气等途径或通过直接接触方式水平传播病原微生物，从而感染养鹑场内其他鹌鹑，常常会导致全场鹌鹑群感染而使疫情扩散和蔓延。

为此，严格遵守国家法律法规和动物卫生防疫法，对病死鹌鹑进行无害化处理，以消除鹌鹑养殖场最大的危险源，既可保证鹌鹑养殖场内鹌鹑群的健康安全，又可避免病原微生物向外传播的风险，减少交叉传染的概率，降低对鹌鹑养殖场场外生物（包括家禽、野鸟等）的危害，有利于生物安全。

（3）废水　主要来源于鹌鹑水盘、水槽、水杯等饮水容器的废弃水，清洗管道的废弃水，冲刷鹑舍的废弃水，水管水箱意外漏水等。废弃水的危害首先是水里含有病原微生物，存在散毒的风险；其次是废弃水会增加鹑舍内湿度，易使粪便潮湿而产生氨气，并易引起鹑舍内霉菌滋生，使鹑舍空气质量下降，诱发鹌鹑呼吸道疾病；第三是鹌鹑喜生活于温暖干燥的环境，对寒冷、高温和潮湿的环境适应能力较差。

为此，生产上应尽量减少废弃水，加强水管水箱的维护，对老化管道及时更换。严寒前应做好水箱、管道的保温工作，避免冻裂。同时，应对废弃水进行专门收集，雨污分流，避免混合在一起，必须建好雨水单独排放的沟或管道，确保雨水不进入养殖粪便排污沟或排污管道。废弃水收集到沼气池或污水储存池，进行发酵无害化处理后，可用于农业灌溉。

（4）废气　鹌鹑排出的污浊空气中有相当一部分是二氧化碳，绿色植物可通过光合作用吸收这些二氧化碳并放出氧气。许多植物还可吸收空气中的有害气体，使氨气、硫化氢、二氧化碳、氟化氢等有害气体的浓度大大降低，恶臭也明显减少。此外，有些植物（如夹竹桃）对铅、镉、汞等重金属元素有一定的吸收能力。植物叶面还可吸附、阻留空气中的大量灰尘、粉尘而使空气净化。许多绿色植物还有杀菌作用，场区绿化可使空气中的细菌减少22%～

79%，绿色植物还可降低场区噪声。因此，搞好鹌鹑养殖场绿化可以减轻空气污染，净化场区空气。

（5）伤残鹌鹑　机械性如骨折、啄伤、打斗等引起的鹌鹑伤残，并非疾病引起的伤残，这样的鹌鹑可及时淘汰。

（6）含有羽毛的废弃物　鹌鹑本身在生长过程中就存在换羽、掉毛等自然特性，但含有羽毛的废弃物中存在病原微生物、寄生虫虫卵等，存在潜在生物安全风险，对其应进行焚烧无害化处理。

110 鹌鹑粪便如何进行无害化处理和综合化利用？

根据国家环境保护法对“美丽中国”的建设要求以及乡村振兴战略中“生态宜居”的治理目标，各级政府已高度重视我国畜禽养殖废弃物的严峻现状及其危害。鹌鹑养殖业从社会责任和可持续健康发展大局出发，首先从鹌鹑养殖场、饲养管理和饲料等各个方面积极采取有效措施以降低鹌鹑养殖废弃物的排放，同时积极开展鹌鹑养殖废弃物尤其是鹌鹑粪便的无害化处理和综合化利用，参考上述所介绍的生态循环养殖经验，结合鹌鹑养殖场自身实际，制订合理的鹌鹑粪便无害化处理措施和综合化利用方案。鹌鹑粪便比较干燥，健康鹌鹑粪便中营养成分仍然比较高，利用价值很大，从节约的角度需要综合利用，发挥其价值，实现养殖经济效益、社会效益和环境效益协调兼顾共赢的目的。

（1）生态循环养殖模式　此模式适合规模化大型鹌鹑养殖场。

1）干燥　①地面干燥，鹌鹑粪摊在向阳、干净的地方自然干燥，防止雨淋。干燥后可保存待用，注意水分要低于14%。②大棚干燥，将鹌鹑粪平铺于塑料大棚地面上，厚约2厘米，直至干燥。

2）无害化处理　由于鹌鹑粪量较大，生产上深埋或焚烧方法处理费用较高，养鹑场往往选择堆肥发酵的方法对鹌鹑粪进行无害化处理。将上述经过干燥处理的鹌鹑粪按比例添加EM微生物制剂，充分搅拌，堆集发酵，逐渐添加鹌鹑粪和EM微生物制剂，到一定体积将封存发酵一周，如此处理过的鹑粪将病原微生物全部杀灭，且无臭味。

3）建立“鹌鹑—鹑粪—蚯蚓—林木—水产”生态养殖模式　将发酵处理后的鹌鹑粪，与牛粪、猪粪及麸糠、豆饼等组合生产蝇蛆，在林下饲养蚯蚓，作为水产蛋白源饲料的补充，粪渣做成生物有机肥，以增加鹌鹑粪便利用的附加值。

（2）生产有机肥　此模式适合所有鹌鹑养殖场尤其是中小型鹌鹑养殖场。图 8-2 为粪便烘干加工一体机。

建设鹌鹑粪发酵池或发酵棚，将鹌鹑粪便及时清除出来，直接送到发酵池，按比例添加 EM 微生物制剂，搅拌，堆集发酵。后面收集的鹌鹑粪继续加至发酵堆上，同时添加 EM 微生物制剂，搅拌。总之，加一层鹌鹑粪便，加一次 EM 微生物制剂，到一定体积将封存发酵一周，如此处理过的鹌鹑粪不仅将病原微生物和寄生虫虫卵等有害生物全部杀灭，达到无害化处理，而且经过发酵处理后的鹌鹑粪渣没有臭味，是良好的有机肥。经测定，鹌鹑粪便中氮磷钾含量是鸡粪的 2 倍，猪粪的 5 倍。使用鹌鹑粪肥料，不但肥效明显，还能增加水果的甜度和口味，证明其是粮食庄稼和果蔬花木的优质有机肥，深受市场欢迎。鹌鹑粪便有机肥可为养鹑业带来一定的收益，其收益仅次于鹑肉和鹌鹑蛋。

图 8-2　粪便烘干加工一体机

111 病死鹑如何进行无害化处理？

病死鹑体内滋生了大量病原微生物，是疾病传播最常见的重要传染源。对病死鹑严格按照病害动物和病害动物产品生物安全处理规程（GB 16548—2006），进行深埋或焚烧等方法无害化处理。在掩埋病死鹑时应注意远离住宅、水源、生产区，土质干燥、地下水位低，并避开水流、山洪的冲刷，掩埋坑的深度为距离尸体上表面的深度不少于1.5米，掩埋前在坑底铺上2～5厘米厚的石灰，病死鹑投入后再撒上一层石灰，填土夯实。焚烧尽量选择焚烧炉，既卫生环保，灭菌（毒）也更彻底，但成本相对偏高。

九、加工与经营

112 谈谈鹌鹑有哪些历史文化和美食文化？

鹌鹑，简称鹑，古称鹑鸟、宛鸟、奔鸟，属于脊椎野禽动物鸡科，是一种头小、尾巴短、不善飞的赤褐色小鸟。

鹌鹑是一种古老的鸟类，分布极广，品种繁多，与人类的关系源远流长。早在5 000年前埃及的壁画上就有鹌鹑的图像。金字塔上也有食用鹌鹑的记载。

中国是野鹌鹑主要产地之一，也是饲养野鹌鹑最早的国家之一。《诗经》中有过“鹑之奔奔”，“不狩不猎，胡瞻尔筵有悬鹑兮!”的诗句。鹌鹑在中国俗称“罗鹑”，又名“早秋”。由于它们的羽色斑驳，好像补丁很多的旧衣服，所以古人形容衣着褴褛为“鹑衣”，成语中有“鹑衣百结”“衣若悬鹑”，杜甫诗中还有“鹑衣寸寸针”的句子。它的额、头侧、颏及喉等处均为砖红色，又被称为“红面鹌鹑、赤喉鹑”等。另外，它的尾巴非常短，有“秃尾巴鹌鹑”之称（图 9-1）。

西汉时，中国就已经开始驯养鹌鹑，那时驯养的目的主要是为了赛斗和赛鸣。唐、宋时期赛鹑在皇宫和民间都非常盛行。民间斗鹑曾盛行于黄河南北。据《唐外史》载，西凉地区经过驯化，进贡给唐明皇的鹌鹑，可以随金鼓的节奏而争斗。宋徽宗更喜欢饲养好斗的鹌鹑，以供取乐。后来曾有《鹌鹑谱》总结养鹌鹑的经验。到了明、清年间，斗鹑已成了达官贵人的一种赌博方式。

到了明代，已逐步发现其药用价值。清朝康熙年间贡生陈面麟

图 9-1　鹌鹑画

著有《鹌鹑谱》，书中对 44 个鹌鹑优良品种的特征、特性分别作了叙述。对饲养各法如养法、洗法、饲法、斗法、调法、笼法、杀法以及 37 种宜忌等均有详细记载，这对我国发展鹌鹑饲养具有一定的参考价值。

鹌鹑经过驯养，战国时代，鹌鹑已被列为六禽之一，成为筵席珍肴。《本草纲目》中说："肉能补五脏，益中续气，实筋骨，耐寒暑，消结热"，"肉和小豆、生姜煮食，止泻痢、酥煮食，令人下焦肥。"适用于治疗消化不良，身虚体弱、咳嗽哮喘、神经衰弱等症。《七卷经》中说："食之令人忘"。《食疗本草》中说："不可共猪肉食之，令人多生疮"。《本草拾遗》中说，鹌鹑肉不宜与猪肉、猪肝、蘑菇、木耳同食，否则会使人面生黑斑。《嘉祐本草》中说："不可和菌子食之，令人发痔。"

俗话说："要吃飞禽，鸽子鹌鹑"。鹌鹑肉、蛋，味道鲜美，营养丰富。鹌鹑肉是典型的高蛋白、低脂肪、低胆固醇食物，特别适合中老年人以及高血压、肥胖症患者食用，药用价值也很高，可与补药之王人参相媲美，素有"动物人参"之美誉。治疗神经衰弱或欲提高智力，可将鹌鹑肉与枸杞子、益智仁、远志肉一起煎熬食用。治肺结核和肺虚久咳，可用沸水、冰糖适量，冲鹌鹑蛋花食用。治肾虚、腰痛、阳痿，可用鹌鹑蛋炒韭菜食用。

鹌鹑味甘、性平，入大肠、心、肝、脾、肺、肾经；可补中益气、清利湿热；主治浮肿、肥胖型高血压、糖尿病、贫血、胃病、肝大、肝硬化、腹水等多种疾病。

113 鹌鹑松花蛋是如何加工制作的?

松花蛋，又称皮蛋、卞蛋、灰包蛋、包蛋等，是一种中国传统风味蛋制品。松花蛋，不但是美味佳肴，而且还有一定的药用价值。王士雄《随息居饮食谱》中说："皮蛋，味辛、涩、甘、咸、性寒，入胃经，有润喉、去热、醒酒、去大肠火、治泻痢等功效，能散能敛。"中医认为皮蛋性凉，可治眼疼、牙疼、高血压、耳鸣眩晕等疾病。经过特殊的加工方式后，松花蛋会变得黝黑光亮，上面还有白色的花纹，闻一闻则有一种特殊的香气扑鼻而来，是人民群众喜欢的美食之一，不仅为国内广大消费者所喜爱，在国际市场上也享有盛名。

我国传统的皮蛋一般选用鸭蛋，但鹌鹑蛋制作的皮蛋，微咸，口感鲜滑爽口，色香味均有独到之处。为此，我国特地培育了制作皮蛋的鹌鹑新品种——神丹 1 号鹌鹑配套系，作为制作皮蛋的专供品系。我国生产的鹌鹑蛋有三分之二的量被用于加工成皮蛋和卤蛋，市场供销两旺，有力地支持了鹌鹑养殖业的健康发展。

（1）松花蛋上的松花形成原理　蛋白的主要化学成分是一种蛋白质。禽蛋放置的时间一长，蛋白中的部分蛋白质会分解成氨基酸。氨基酸的化学结构有一个碱性的氨基—NH_2和一个酸性的羧基—COOH，因此它既能跟酸性物质作用又能跟碱性物质作用。所以人们在制造松花蛋时，特意在泥巴里加入了一些碱性物质，如石灰、碳酸钾、碳酸钠等。它们会穿过蛋壳上的细孔，与氨基酸结合，生成氨基酸盐。这些氨基酸盐不溶于蛋白，于是就以一定几何形状结晶出来，就形成了漂亮的松花。

（2）无铅无土松花蛋制作方法　在我国传统的皮蛋加工配方中，都加入了氧化铅（黄丹粉），因铅是一种有毒的重金属元素，铅在人体内聚集，有可能引起慢性中毒。根据国家规定，每 1 千克松花蛋铅含量不得超过 3 毫克（详情见食品安全国家标准 GB

2762—2012）。为此，现加工的皮蛋多为无铅的，以保证皮蛋食品的安全。

1）料液配制　配方（以 1 000 枚鹌鹑蛋计）：纯碱 1.2 千克、生石灰 3.6 千克、食盐 0.64 千克、红茶末 42 克、氯化锌 23.6 克、水 18.3 升。配法：先将纯碱、红茶末放入缸底，再将沸水倒入缸中，充分搅拌使之全部溶解，然后分次投放生石灰（注意生石灰不能一次投入太多，以防沸水溅出伤人），待自溶后搅拌。取少量上层溶液于研钵中，加入氯化锌并充分研磨使其溶解，然后倒入料液中，3～4 小时后加入食盐，充分搅拌。放置 24～48 小时后，搅拌均匀并捞出残渣。

2）鹌鹑蛋的检验　鹌鹑蛋应是大小基本一致、蛋壳完整、颜色相同的新鲜蛋，将挑选好的蛋洗净、晾干后备用。

3）装缸与灌料　先在缸底加入少量料液，将挑选合格的鹌鹑蛋放入缸内，要横放，切忌直立，一层一层摆好，最上层的蛋应离缸口 10 厘米左右，以便封缸。蛋装好后，缸面放竹片压住，以防灌料液时蛋上浮，然后将凉至 20℃以下的料液充分搅拌，边搅边灌入缸内，直至蛋全部被料液淹没为止，盖上缸盖。

图 9-2　鹌鹑松花蛋

4）浸泡管理　首先要掌握好室内温度，一般为 18～25℃。其次要定期检查。一般 20～30 天即可出缸。

5）出缸　浸泡成熟的皮蛋需及时出缸，以免“老化”。出缸的皮蛋放入竹篓，用残料上清液（勿用生水）冲洗蛋壳上污物，晾干后经检验合格后装箱。

114 鹌鹑卤蛋是如何加工制作的？

卤蛋，又名卤水蛋，是用各种调料或肉汁加工成的熟制蛋。卤蛋价廉物美、细腻滑润、咸淡适口、嚼之有劲、味醇香浓、百吃不厌，是令人无限回味的百姓小食，可根据百姓口味嗜好制作成五香卤蛋、桂花卤蛋、香辣卤蛋、熏卤蛋、鸡肉卤蛋、猪肉卤蛋等不同风味的卤蛋，不仅可以家庭消费及当地销售，而且可以真空包装，做成旅游休闲食品，方便携带和利于销售。

（1）卤汁调制　先将香料装入纱布袋中，扎紧袋口。若使用红曲，先将红曲用开水浸泡两次后，也装入纱布袋中。然后将纱布袋投入水中煮沸，再加入其他辅料，煮沸，待汤液呈酱红色，透出香味后即可。

（2）煮熟鹌鹑蛋　将新鲜的鹌鹑蛋洗净，放入加盐（1小匙）后清水中煮沸6～8分钟，待蛋白凝固后，捞出浸入冷水中冷却，使蛋壳与蛋白分离，而后捞出剥去蛋壳。

（3）卤制　再将剥壳后的蛋投入卤汁中，用文火加热卤制15～25分钟，待卤汁香味渗入蛋内，蛋白变成酱色，蛋黄凝固后，熄火后再焖10分钟，即成卤蛋。

图9-3　鹌鹑卤蛋

需说明的是，根据制作卤蛋风味的不同而需要调整香料中的成分。卤汁重复使用时，可根据卤制食品的多少酌量添加卤料。

115 什么是“互联网+”?

互联网（internet）又称因特网，起步于20世纪80年代初期，发展于90年代，现已风靡全球，可以说现在是网络信息时代，互联网已成为人们生活中不可缺少的成分。

“互联网+”代表一种新的经济形态，即充分发挥互联网在生产要素配置中的优化和集成作用，将互联网的创新成果深度融合于经济社会各领域之中，提升实体经济的创新力和生产力，形成更广泛的以互联网为基础设施和实现工具的经济发展新形态。

“互联网＋”行动计划将重点促进以云计算、物联网、大数据为代表的新一代信息技术与现代制造业、生产性服务业等的融合创新，发展壮大新兴业态，打造新的产业增长点，为大众创业、万众创新提供环境，为产业智能化提供支撑，增强新的经济发展动力，促进国民经济提质增效升级。

通俗地说，“互联网＋”就是“互联网＋各个传统行业”，但这并不是简单的两者相加，而是利用信息通信技术及互联网平台，让互联网与传统行业进行深度融合，创新新的发展业态。

“互联网＋”是两者融合的升级版，是将互联网作为当前信息化发展的核心特征提取出来，与农业、工业、商业、金融等服务业的全面融合。这其中关键是创新，只有创新才能让这个“＋”真正有价值、有意义。正因为如此，“互联网＋”被认为是创新 2.0 下的互联网发展新形态、新业态，是社会知识创新 2.0 推动下的经济社会发展新形态演进。

“互联网＋”有六大特征：

（1）跨界融合　“＋”就是跨界，就是变革，就是开放，就是重塑融合。敢于跨界了，创新的基础就会更坚实；融合协同了，群体智能才会实现，从研发到产业化的路径才会更垂直。融合本身也是身份的融合，客户消费转化为投资，伙伴参与创新等，不一而足。

（2）创新驱动　中国粗放的资源驱动型增长方式早就难以为继，必须转变到创新驱动发展这条正确的道路上来。这正是互联网的特质，学会用互联网的思维来求变、自我革命，才能更加发挥创新的力量。

（3）重塑结构　信息革命、全球化、互联网业已打破了原有的社会结构、经济结构、地缘结构和文化结构，权力、议事规则、话语权不断在发生变化，互联网＋社会治理、虚拟社会治理会是很大的不同。

（4）尊重人性　人性的光辉是推动科技进步、经济增长、社会进步、文化繁荣的最根本的力量，互联网的力量之强大最根本地也来源于对人性的最大限度的尊重、对人体验的敬畏、对人的创造性发挥的重视，如UGC（用户原创内容）、卷入式营销、分享经济。

（5）开放生态　关于"互联网＋"，生态是非常重要的特征，而生态的本身就是开放的。推进"互联网＋"，其中一个重要的方向就是要把过去制约创新的环节化解掉，将孤岛式创新连接起来，让研发由人性决定的市场驱动，让创业并努力者有机会实现价值。

（6）连接一切　连接是有层次的，可连接性是有差异的，连接的价值是相差很大的，但是连接一切是"互联网＋"的目标。

116 "互联网＋"在鹌鹑产品市场营销方面的应用模式与方法是什么？

"互联网＋"不是对传统行业的颠覆，而是升级换代，是"破与立"，所以，我们不能回避它，而且必须及时、勇敢地去面对它。

在鹌鹑养殖业生产端，我们是否可以采用互联网技术（大数据分析、云计算、物联网等）和互联网思维进行升级和更新；在鹌鹑养殖业销售端，我们是否可以采用和落实各种互联网模式，如B2B（商家间交易）、B2C（商家对客户间交易）、C2C（个人间电子商务）、O2O（线上线下间交易）、F2C（工厂直达客服交易）等。这些问题值得我们探讨和创新解决。

互联网本身不是关键，走进顾客端才是关键。互联网是工具，是商业模式，更是生活方式，所以对所有企业来说，挑战和机遇是一样的。如何真正获得发展空间和契机，取决于你是否拥有前端业务线的能力，是否真正走进顾客端，与顾客沟通，让顾客直接感知你的价值创造，或者与你一起创造价值。在新时期的今天，互联网让企业创造价值的能力更容易被顾客感知，企业可以更快速地集聚顾客。

117 鹌鹑产品在电商发展中有哪些特征和趋势特点?

本质上看，电商就是一个流量层层变现的生意。根据鹌鹑产品的特点，有加工食品（鹌鹑松化蛋、鹌鹑卤蛋、卤鹌鹑、烤鹌鹑等），部分生鲜（鹌鹑鲜蛋、剥壳熟鹌鹑蛋、冷鲜鹌鹑）（图 9-4），以及部分保健品（鹌鹑药酒等）（图 9-5）。

图 9-4　鹌鹑蛋礼品包装

图 9-5　鹌鹑养生酒

（1）电商类型　确定好产品类别和物流配送的方式之后，要选择在什么类型的平台上设立店铺，发布产品。目前作为商家，可以选择在淘宝登录，作为直销类 B2C（商家对客户间交易）“触电”，也可以选择在京东商城、易迅网、一号店等平台类 B2C 开张。如果是有机食品，可以加盟沱沱工社的 B2C 平台。经过几年的发展，当今国内 B2C 格局初定，淘宝与京东商城的市场份额排名居于电商第一位置，天猫居于第二，挑战者是拼多多、易迅网、1 号店等公司。

作为一个电商，除了做好产品信息发布以外，还要处理好网上交易、物流配送、信用服务、电子支付和纠纷处理等方面的服务。选择了产品发布平台的同时，也选择了该平台的物流及金融体系。淘宝和京东商城以全国的快递网络作支撑，而易迅则自有物流体系。京东商城冷链的产品直接从供应商冷库到京东一线配送站，京东会在配送站投入冷柜，以保证商品从源头到消费者手中品质不发生改变。

（2）产品即品牌　当前的网络传播，其前所未有的高效与扁平，以用户为中心成为互联网思维的出发点与核心意义。互联网时代的品牌不再过分侧重广告、渠道所覆盖的知名度，而是更注意产品本身带来的美誉度、忠诚度。对于广大热衷于网购的消费者来说，产品的数量还有产品的质量和口感才是最好的招牌。

（3）重视年轻人的消费习惯　以电子商务、信息消费为主的新经济模式有望在未来一段时期内迎来新的黄金增长期，成为中国经济发展的一支重要力量。据预测，中国个人消费增长会持续加速。阿里巴巴作为市场占有率最大的网购平台，拥有几亿的年轻人用户。年轻人更注重消费体验。鹌鹑产品是小众产品，向特色产品、

图 9-6　鹌鹑产品

功能食品、休闲食品等方向发展不失为好的选择，也迎合了年轻人消费需求。

（4）线上与线下　中国智能手机用户已突破10亿人，移动客户端的存在几乎已经让手机成为“人体器官”。从团购开始的O2O（线上线下间交易）模式，借助手机将线上与线下高效无缝地打通，服务与交易双向流动，通过手机客户端APP、微信、支付宝可以随时随地付款，消费场景全天候移动化。

118 什么是“物联网”？

物联网是互联网的3.0时代，即物物相连。物联网有感知层、传输层、应用层三个层次。

物联网是一个动态的全球网络基础设施，具有基于标准和互操作通信协议的自组织能力，其中物理的和虚拟的“物”具有身份标识、物理属性、虚拟的特性和智能的接口，并与信息网络无缝整合。物联网将与媒体互联网、服务互联网和企业互联网一道，构成未来互联网。

物联网就是“物物相连的互联网”。这有两层意思：①物联网的核心和基础仍然是互联网，是在互联网基础之上的延伸和扩展的一种网络；②其用户端延伸和扩展到了任何物品与物品之间，进行信息交换和通信。因此，物联网的定义是通过射频识别（RFID）装置、红外感应器、全球定位系统、激光扫描器等信息传感设备，按约定的协议，把任何物品与互联网相连接，进行信息交换和通信，以实现智能化识别、定位、跟踪、监控和管理的一种网络。

这里的“物”要满足以下条件才能够被纳入“物联网”的范围：①有相应信息的接收器；②有数据传输通路；③有一定的存储功能；④有CPU；⑤有操作系统；⑥有专门的应用程序；⑦有数据发送器；⑧遵循物联网的通信协议；⑨在世界网络中有可被识别的唯一编号。

119 现代“物联网”在鹌鹑养殖场运营方面有哪些应用？

物联网在鹌鹑养殖业的应用主要是更好、更快地实现现代化养殖。

（1）环境控制自动化　如将风机、湿帘、喷雾、光照一系列环境控制相关的设备与自动化设备融合在一起，通过温湿度传感器、光照传感器、有害气体传感器等采集数据，采集的数据与建立模型的数值做对比，智能化监测鹑舍环境。当采集到的数值超过模型指标时，通风、光照、湿帘等自动开关，可以节省80%以上的劳动量。

（2）远程实时监控鸽舍情况　视觉识别系统可以在远程实时监测到鹑舍的状态，减少人与鹌鹑的接触，减少应激，降低发病率。用手机端的APP连接到网络，可以在手机上进行实时监控、数据采集、控制开关等，也可了解饲养员在鹑舍的操作情况、喂料情况等。

（3）后台数据的挖掘与问题追溯　我国幅员辽阔、气候各异，通过大量养殖场环境控制数据及生产性能表现数据的上传，物联网平台可为养殖户服务，如得到某区域的最适温度、湿度，最适饲料配方、更科学的疫苗免疫程序等。

养殖场采集的数据可实时保存到服务器上，便于追溯设备或人员出现的问题。终端鹌鹑产品也可以通过二维码扫描，实现食品安全的可追溯性，查询到如生产厂家、产蛋鹑及疫苗免疫情况等相关信息。

120 新冠肺炎疫情对鹌鹑产业有哪些影响？

2019年以来，新冠肺炎疫情肆虐全球，已经对全球经济带来了重创。目前疫情蔓延尚未终止，全球经济正面临着需求供给双重冲击，任何经济体都难以独善其身。这场新冠肺炎疫情同样对鹌鹑产业产生了重要影响，这场危机对鹌鹑产业既有“危”，也有“机”。

“危”：①饲料供应出现困难；②生产员工出现短缺；③产品销售出现困难；④社会消费需求下降。

“机”：新冠肺炎疫情危机对鹌鹑产业的影响是有限、暂时的，鹌鹑产业界应利用本次疫情危机，认真谋划企业生产经营策略，推动传统性鹌鹑养殖向生态文明现代化转型升级，加强生物安全体系措施，开展深加工研发，丰富产品供应，提供优质健康安全的食品，促进鹌鹑产业健康可持续发展。

①正确科普宣传，正面引导鹌鹑生产和消费：2020 年 5 月 29 日，农业农村部发布公告，公布了经国务院批准的《国家畜禽遗传资源目录》（以下简称《目录》），首次明确了家养畜禽种类 33 种，包括其他地方品种、培育品种、引入品种及配套系。其中，传统畜禽 17 种，鹌鹑作为传统畜禽名列其中。可见，养殖鹌鹑和食用鹌鹑产品都是符合国家政策的，也是安全放心的。

②生产经营策略优化：作为鹌鹑养殖和加工企业要优化生产经营策略，强化忧患意识，建立风险储备机制，充分考虑养殖场可能潜在的各种意外事件和突发风险，做好生产原料、卫生物资以及其他应急物资的储备，做到“宁可备而不用，不可用而无备”。

③生物安全体系构建：严格执行国家防控疫情的相关规定，进一步加强养殖场封闭管理，构建鹌鹑养殖场生物安全体系。对空关的鹌鹑舍做好冲洗清洁工作，密闭鹌鹑舍，用福尔马林熏蒸消毒，空舍 3 周后使用。加强鹌鹑养殖场卫生管理，确保养殖场内部清洁卫生，加强对进出养殖场的道路、车辆、物品和人员的消毒，鹌鹑舍外环境用石灰、烧碱喷洒消毒。在生产上补充多维，使用微生态制剂进行保健，提高鹌鹑抗应激能力，做好重要鹌鹑疾病的疫苗免疫工作，做好防鸟、防鼠、防蚊蝇工作，对病死鹌鹑实行无害化处理，对鹌鹑粪便实行资源化利用。

④现代化转型升级：改造应用自动喂料机、喷雾消毒机、喷雾免疫机、履带粪便收集带、粪便发酵处理设备设施等，加快实施物联网、云计算等智能化管理体系，促进鹌鹑产业向现代化转型升

级。通过机械化、智能化改造应用，减少人员管理，淘汰低效、落后产能，不再追求生产数量，要在稳产优产上下功夫，实施精细化管理，改善生态环境，提高生产管理水平和抗风险能力，推动鹌鹑高效生态健康养殖，实现经济效益、社会效益和生态效益协调共赢。

无公害蛋鹌鹑生产技术规程

1　范围

本标准规定了无公害鹌鹑生产过程中环境、饲养、消毒、免疫、销售、废弃物处理等涉及饲养管理的全过程应遵循准则。

2　规范引用文件

下列文件中的条款通过本标准的引用而成为本标准的条款。凡是注日期的引用文件，其随后所有的修改单（不包括勘误的内容）或修订版均不适用于本标准，然而，鼓励根据本标准达成协议的各方研究是否可使用这些文件的最新版本。凡是不注日期的引用文件，其最新版本适用于本标准。

NY/T 388　畜禽场环境质量标准

GB/T 18407.3　农产品安全质量　无公害畜禽肉产地环境要求

GB 1656　种畜禽调运检疫技术规范

GB 2748　蛋卫生标准

GB 16548　畜禽病害肉尸及其产品无害化处理规程

GB 13078　饲料卫生标准

NY 5040—2001　无公害食品　蛋鸡饲养兽药使用准则

NY 5027　无公害食品　畜禽饮用水水质

中华人民共和国动物防疫法

3 术语和定义

下列术语和定义适用于本标准。

3.1 净道 none-pollution road

运送饲料、鹌鹑蛋和人员进出的道路。

3.2 污道 pollution road

粪便、淘汰鹌鹑出场的道路。

3.3 鹌鹑场废弃物 poultry farm waste

主要包括鹌鹑粪（尿）、污水、病、死鹌鹑、废弃饲料、过期兽药、残余疫苗和孵化厂废弃物（蛋壳、死胚等）。

3.4 全进全出制 all-in all-out system

同一鹌鹑舍或同一鹌鹑场只饲养同一批次的鹌鹑，同时进场、出场的管理制度。

4 环境与工艺

4.1 鹌鹑场环境

4.1.1 鹌鹑场、鹌鹑蛋运输贮存单位的环境质量应符合《农产品安全质量无公害畜禽肉产地环境要求》（GB/T 18407.3—2001）的规定。周围环境、空气质量应符合《畜禽场环境质量标准》（NY/T 388）的要求。

4.1.2 鹌鹑场应符合动物防疫条件，并有动物防疫机构核发的《动物防疫合格证》

4.1.3 鹌鹑场应建在地势高燥、排水良好、易于组织防疫的场所。鹌鹑场周围3km内无大型化工厂、矿厂或其他畜牧场等污染源。

4.1.4 鹌鹑场距离干线公路1km以上。鹌鹑场距离村、镇居民点至少1km以上。

4.1.5 鹌鹑场不得建在饮用水源、食品厂上游。

4.2 鹌鹑舍环境

4.2.1 鹌鹑舍内的温度、湿度环境应满足鹌鹑不同阶段的需求，以降低鹌鹑群发生疾病的机会。

4.2.2 鹌鹑舍内空气中有毒有害气体含量应符合《畜禽场环境质量标准》（NY/T 388）的要求。

4.3 工艺布局

4.3.1 鹌鹑场净道和污道要分开，互不交叉。

4.3.2 鹌鹑场周围要设绿化隔离带。

4.3.3 全进全出制度，至少每栋鹌鹑舍饲养同一日龄的同一批鹌鹑。

4.3.4 鹌鹑场生产区、生活区分开，幼鹑、产蛋鹌鹑分开饲养。

4.3.5 鹌鹑舍地面和墙壁应便于清洗，并能耐酸、碱等消毒药液清洗清毒。

5 引种

5.1 引进种鹌鹑时，应从具有《种鹌鹑经营许可证》的种鸡场引进，且该场应无鸡白痢、新城疫、禽流感、禽白血病、支原体感染、禽结核等疾病，或由该类场提供种蛋所生产的经过产地检疫的健康雏鹌鹑，并按照《种畜禽调运检疫技术规范》（GB 16567）进行检疫。

5.2 引进的种鹌鹑，应隔离观察，并经兽医检查确定为健康合格后，方可供繁殖使用。

5.3 不得从疫区引进种鹌鹑。

6 饲养管理

6.1 饮水

水质符合《无公害食品 畜禽饮用水水质》（NY/T 5027）的要求。

饮水系统完好，确保饮水充足不断。定期清洗消毒饮水设备，避免细菌滋生。

6.2 饲料和饲料添加剂

饲料符合 GB 13078 要求。不应使用霉败、变质、生虫或被污染的饲料。

6.3　饲养

幼鹌鹑和产蛋鹌鹑均要求饲料中有较高含量的蛋白质，同时产蛋期还要特别增加钙、磷的补充。

6.4　管理

6.4.1　温度控制　初生雏，育雏器应保持 35℃，以后逐渐降温，至 4 周龄后保持 25～30℃舍温，产蛋期最适温度为 24℃，应做好防暑降温和防寒保暖工作。

6.4.2　科学光照　1～3 日龄 24 小时强光照，4～15 日龄 23 小时光照，16～32 日龄 12 小时光照，产蛋期 16～18 小时光照，光照时间应保持相对稳定。

6.4.3　转群　在开产前 1～2 周转群，公鹑应提前转入种鹑笼，转群前后 1 周应添加多种维生素、维生素 C，转群前 3 小时断料、2 小时断水。

6.5　鹌鹑蛋收集

6.5.1　盛放鹌鹑蛋的蛋箱或蛋托应经过消毒。

6.5.2　集蛋人员集蛋前要洗手消毒。

6.5.3　集蛋时将破蛋、软蛋、特大蛋、特小蛋单独存放，不作为鲜蛋销售。

6.5.4　及时收集蛋。

6.5.5　鹌鹑蛋收集后进行筛选清洁，外壳要求无粪便、无血迹、无破损，并立即用福尔马林熏蒸消毒，消毒后送蛋库保存。

6.5.6　鹌鹑蛋应符合《蛋卫生标准》(GB 2748)。

7　兽药使用

兽药使用符合《无公害食品 蛋鸡饲养兽药使用准则》（NY 5040—2001）的要求。

鹌鹑常见疾病防治见表（必须在兽医指导下使用）：

病 名	药品名称	剂型	用法用量（以有效成分计）	休药期
鸡白痢	土霉素	可溶性粉	混饮：53～211毫克/升，连用7天	5天（产蛋期禁用）
大肠杆菌病	土霉素	可溶性粉	混饮：53～211毫克/升，连用7天	5天（产蛋期禁用）
球虫病	盐酸氯苯胍	预混剂	混饲：100～120克/吨饲料	5天
	盐酸氨丙啉	可溶性粉	混饮：48克/升，连用5～10天	1天
蛔虫病	盐酸左旋咪唑	片剂	口服：5毫克/只	3天（产蛋期禁用）

8 免疫

8.1 鹌鹑场应依照《中华人民共和国动物防疫法》及其配套法规的要求，根据动物防疫监督机构的免疫计划，做好免疫工作。

8.2 动物防疫监督机构定期或不定期进行疫病防疫监督抽查，提出处理意见，并将抽查结果报告当地畜牧兽医行政主管部门。

8.3 常见病防疫程序表：

序号	日龄	免疫项目	疫苗名称	接种方法	免疫期
1	1	马立克氏病	HVT活苗	颈部皮下注射1羽份	1年
2	10	新城疫	Ⅳ系苗	点眼	15～60天
3	18	传染性法氏囊病	弱毒苗	饮水	15～60天
4	25	新城疫	油乳剂灭活苗	饮水	
5	30	禽霍乱	油乳剂灭活苗	饮水	7～28天
6	开产后	新城疫	Ⅳ系苗	每隔45～60天饮水1次	

9 卫生消毒

鹌鹑场应建立消毒制度，定期开展场内外环境消毒、体表消毒、饮用水消毒等不同消毒方式。消毒剂要选择对人和鹌鹑安全、对设备没有破坏性、没有残留毒性。可使用的消毒药有：次氯酸盐、烧碱、生石灰、新洁尔灭、过氧乙酸、福尔马林等，进出车辆和人员应严格消毒。

9.1 环境消毒

鹌鹑舍周围环境每2～3周用2%火碱液消毒或撒布生石灰1次；场周围及场内污水池、排粪坑、下水道出口，每1～2个月用漂白粉消毒1次。在大门口设消毒池，使用2%烧碱或煤酚皂溶液。

9.2 人员消毒

饲养员应定期进行健康检查，传染病患者不得从事养殖工作。饲养人员不得串岗、擅自离开饲养场。离场后，需经洗浴、更衣、消毒后方可重新进场。工作人员进入生产区要更衣和消毒。

9.3 鹌鹑舍消毒

进场或转群前将鹌鹑舍彻底清扫干净，然后用水冲洗，再用0.1%的新洁尔灭或2%～3%烧碱或0.2 %过氧乙酸或次氯酸盐等消毒液全面喷洒，然后关闭门窗用福尔马林熏蒸消毒。

9.4 用具消毒

定期对蛋箱、蛋盘、喂料器等具有进行消毒，可先用0.1%新洁尔液或0.2%～0.5%过氧乙酸消毒，然后在密闭的室内用福尔马林熏蒸消毒30min以上。

9.5 带鹌鹑消毒

定期进行带鹌鹑消毒，有利于减少环境中的微生物和空气中的可吸入颗粒物。常用于带鹌鹑消毒的消毒药有0.1%新洁尔灭、0.1%次氯酸钠等。带鹌鹑消毒要在鹌鹑舍内无鹌鹑蛋的时候进行，以免消毒剂喷洒到鹌鹑蛋表面。

10 病、死鹌鹑处理

10.1 传染病致死的鹌鹑及因病扑杀的死尸应按《畜禽病害肉尸及其产品无害化处理规程》（GB 16548）要求进行无害化处理。

10.2 鹌鹑场不得出售病鹌鹑、死鹌鹑。

10.3 有治疗价值的病鹌鹑应隔离饲养，由兽医进行诊治。

11 废弃物处理

11.1 鹌鹑场废弃物经无害化处理后可以作为农业用肥。

11.2 鹌鹑场废弃物经无害化处理后不得作为其他动物的饲料。

11.3 孵化厂的副产品无精蛋不得作为鲜蛋销售，可以作为加工用蛋。

11.4 孵化厂的副产品死精蛋可以用于加工动物饲料，不得作为人类食品加工用蛋。

12 资料

每批鹌鹑要有完整的记录资料。记录内容应包括引种、饲料、用药、免疫、发病和治疗情况、饲养日记。资料保存期 2 年。

13 全程质量监督

13.1 建立全程质量控制网络，专人从事全过程的质量管理工作。

13.2 建立生产、销售各环节操作规程和全程质量监控记录，各环节间建立质量资料的流转制度。

13.3 蛋鹌鹑饲养场向销售点提供鹌鹑蛋来源及质量监控、检测的数据资料。

13.4 加工及销售企业向饲养场反馈有关质量检测情况，及时发现和解决有关质量问题。

房海，陈翠珍，1993. 鹌鹑对新城疫病毒的易感性试验［J］. 畜牧兽医学报，24（2）：54-60.

郭成裕，杨友良，蒙青，1995. 云南家禽十项生理常值的测定［J］. 云南农业大学学报，10（4）：304-310.

郭江龙，2011. 蛋用鹌鹑高效益养殖与繁殖技术［M］. 北京：科学技术文献出版社.

韩占兵，2008. 鹌鹑规模养殖致富［M］. 北京：金盾出版社.

何艳丽，李生，2012. 鹌鹑高效养殖技术一本通［M］. 北京：化学工业出版社.

李立虎，2008. 鹌鹑快速养殖关键技术问答［M］. 北京：中国林业出版社.

李绶章，2011. 鹌鹑鹌鹑饲养科学配制与应用［M］. 北京：金盾出版社.

李兴东，陈云，2018. 物流管理中的物联网应用与技术分析［J］. 农家参谋，25（5）：220.

李跃胜，2009. 蛋鹌鹑育雏育成期饲粮能量及蛋白质适宜水平的研究［D］. 兰州：甘肃农业大学.

林其騄，2010. 怎样养鹌鹑赚钱多［M］. 南京：江苏科学技术出版社.

林其騄，2012. 鹌鹑高效益饲养技术［M］. 3版. 北京：金盾出版社.

林其騄，李鸿忠，2016. 台湾地区鹌鹑产业近况［J］. 中国禽业导刊，32（22）：34-35.

刘国涛，2016. 规模化畜牧养殖废弃物处理的环境经济优化研究——基于生态经济模型的分析［J］. 农业科技信息，32（2）：138-139.

陆应林，2004. 鹌鹑养殖［M］. 北京：中国农业出版社.

庞有志，2009. 蛋用鹌鹑自别雌雄配套技术研究与应用［M］. 北京：中国农业出版社.

申杰，杜金平，皮劲松，2009. 蛋用鹌鹑神丹黄羽系与南农黄羽系比较试验［J］. 湖北畜牧兽医，32（4）：8-9.

沈建忠，1997. 实用养鹌鹑大全［M］. 北京：中国农业出版社.

沈振宁，2011. 我国生态循环养殖的发展现状［J］. 畜牧兽医科技信息，20（11）：17-20.

苏德辉，2000. 鹌鹑生产关键技术［M］. 南京：江苏科学技术出版社.

唐晓惠，2011. 鹌鹑养殖新技术［M］. 武汉：湖北科学技术出版社.

王宝维，2004. 特禽生产学［M］. 北京：中国农业出版社.

王曾年，2006. 养鹌鹑全书—信鹌鹑、观赏鹌鹑与鹌鹑［M］. 北京：中国农业出版社.

杨峻，王红琳，罗青平，2012. 禽流感灭活疫苗免疫鹌鹑效力试验［J］. 湖北农业科学，26（24）：195-196，203.

杨治田，2005. 图文精解养鹌鹑技术［M］. 北京：中国农业出版社.

杨治田，2008. 养鹌鹑［M］. 郑州：中原农民出版社.

张世杰，李明，杨红先，2003. 浅谈如何优化养殖环境，促进动物安全生产［J］. 河南畜牧兽医，24（3）：18-19.

张振兴，2014. 特禽饲养与疾病防治第二版［M］. 北京：中国农业出版社.

赵宝华，2015. 鹌鹑新城疫的诊治［J］. 养禽与禽病防治，37（1）：35-36.

赵宝华，孙旭初，2018. 鹌鹑常见用药误区分析及用药原则［J］. 中国禽业导刊，35（8）：61-62.

甄莉，陈通，计红，2011. 冷应激鹌鹑部分生理指标和血清酶活性的变化［J］. 黑龙江畜牧兽医，28（3）：139-141.

郑建林，2016. 畜牧业污染现状以及治理对策研究［J］. 农业科技信息，32（1）：44-47.

Y. M. Saif，2005. 禽病学［M］. 11ed. 北京：中国农业出版社.

图书在版编目（CIP）数据

科学养鹌鹑120问/赵宝华，李慧芳，张麦伟主编.—北京：中国农业出版社，2022.3
（养殖致富攻略·疑难问题精解）
ISBN 978-7-109-27705-2

Ⅰ.①科… Ⅱ.①赵… ②李… ③张… Ⅲ.①鹌鹑—饲养管理—问题解答 Ⅳ.①S837.4-44

中国版本图书馆CIP数据核字（2021）第001675号

中国农业出版社出版
地址：北京市朝阳区麦子店街18号楼
邮编：100125
责任编辑：周锦玉
版式设计：王 晨 责任校对：周丽芳
印刷：北京通州皇家印刷厂
版次：2022年3月第1版
印次：2022年3月北京第1次印刷
发行：新华书店北京发行所
开本：880mm×1230mm 1/32
印张：7.75 插页：4
字数：210千字
定价：35.00元

版权所有·侵权必究
凡购买本社图书，如有印装质量问题，我社负责调换。
服务电话：010-59195115 010-59194918

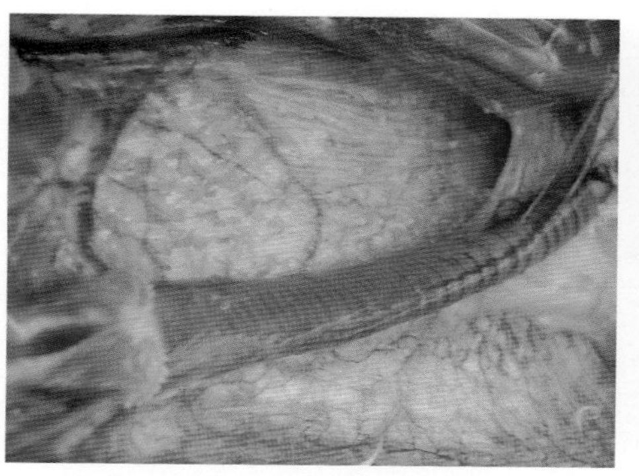

彩图7-1　气管呈环状出血

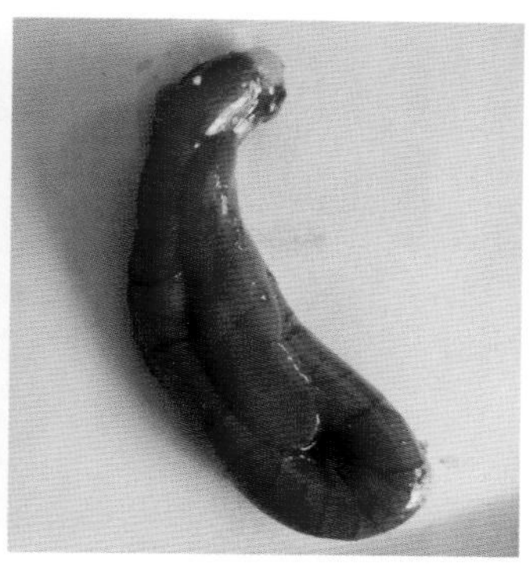

彩图7-2　胰腺有灰白色坏死点

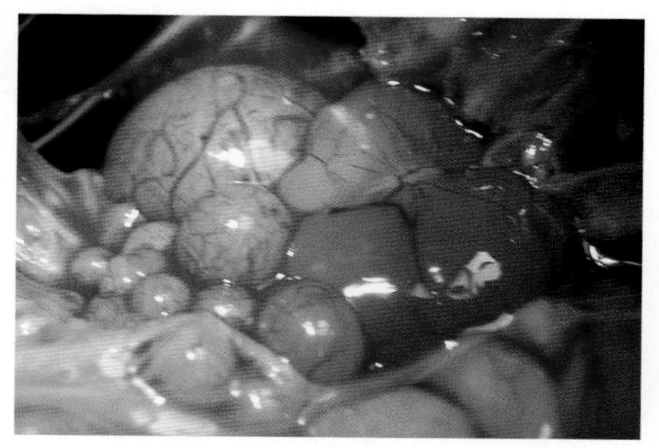

彩图7-3　卵泡变性、坏死

彩图7-4　新城疫，临床可见排黄绿色稀粪、扭头现象

彩图7-5　腺胃乳头出血、腺胃与肌胃交界处黏膜有出血条带

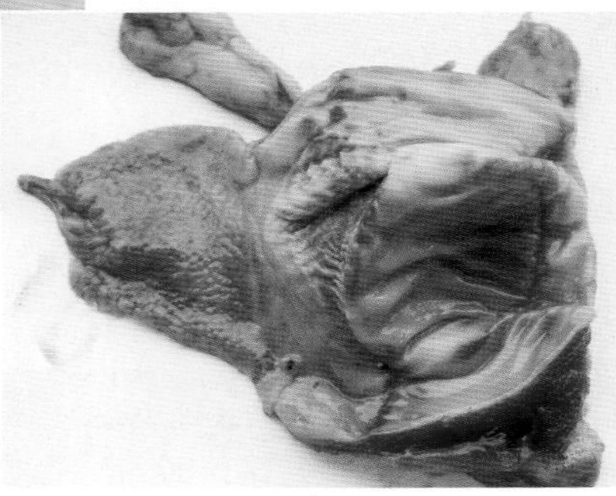

彩图7-6　肌胃角质膜下黏膜出血斑

彩图7-7　肌胃内容物呈墨绿色

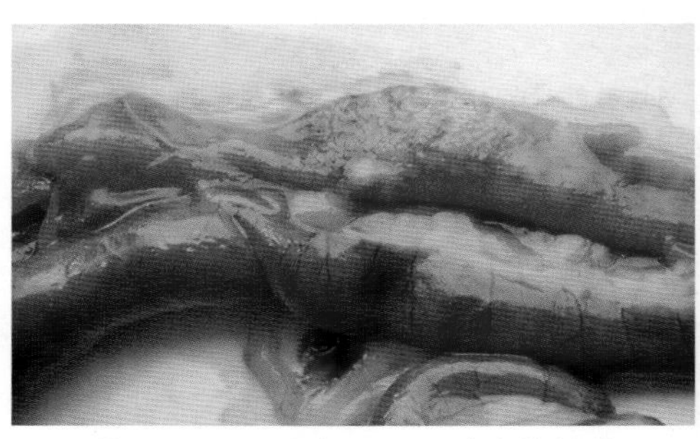

彩图7-8　肠出血，可见溃疡性结节

彩图7-9　脑出血

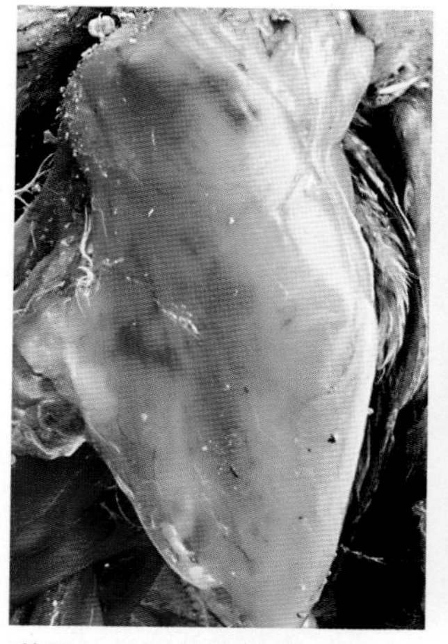

彩图7-10　传染性法氏囊炎，表现胸肌出血

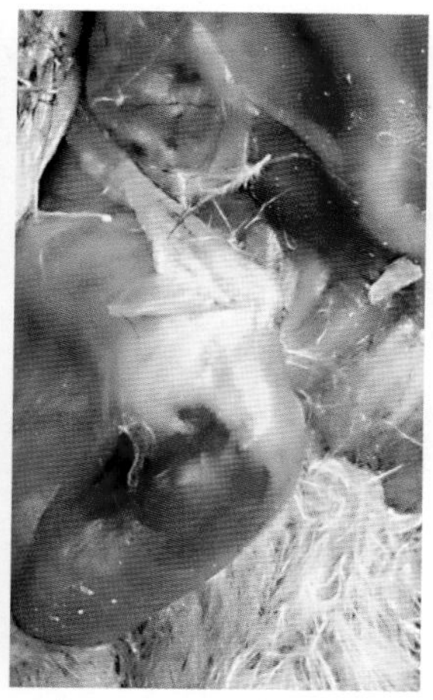

彩图7-11　传染性法氏囊炎，表现腿肌出血

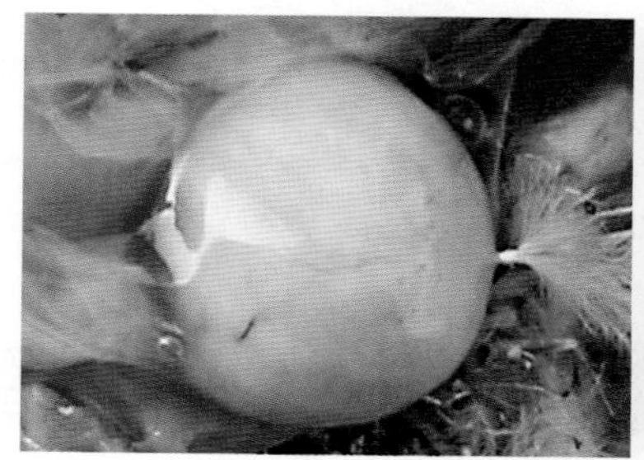

彩图7-12　法氏囊水肿

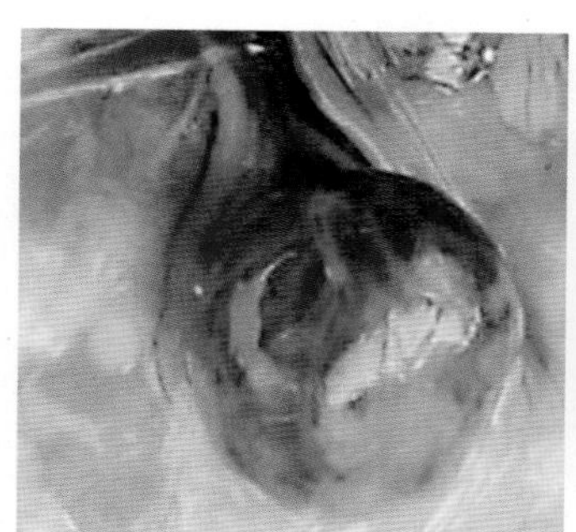

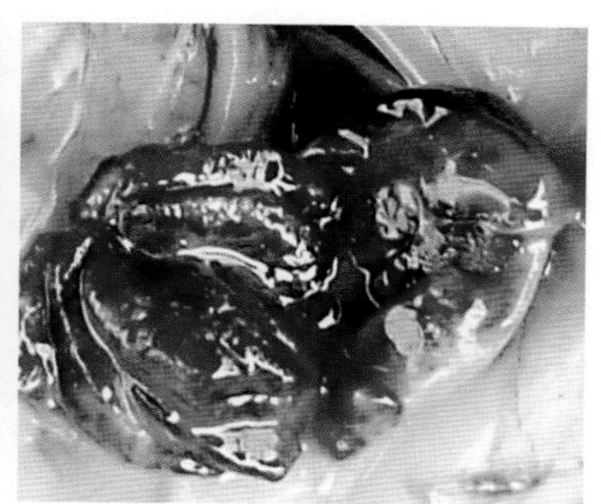

彩图7-13　法氏囊肿胀、出血，像紫葡萄

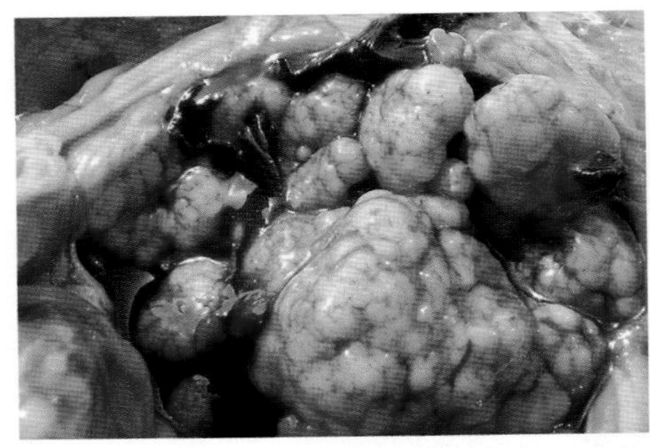

彩图7-14　卵巢肿瘤

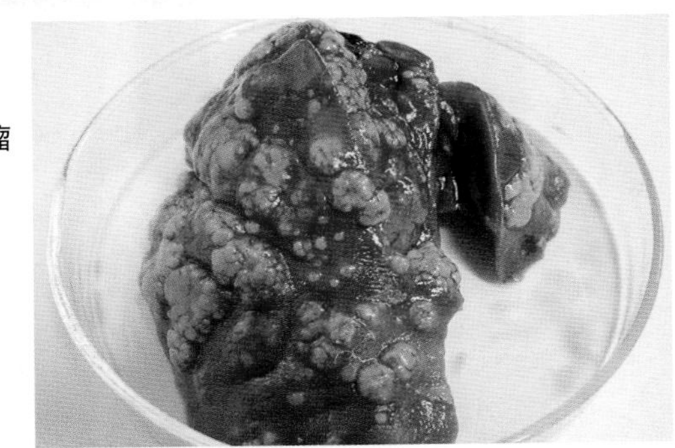

彩图7-15　肝脏肿瘤

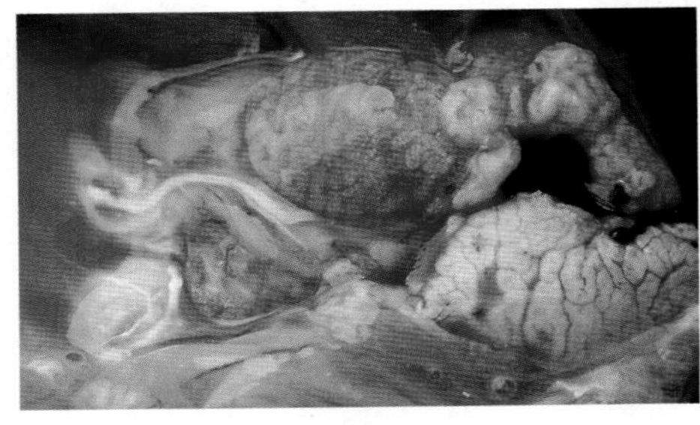

彩图7-16　肾脏肿大

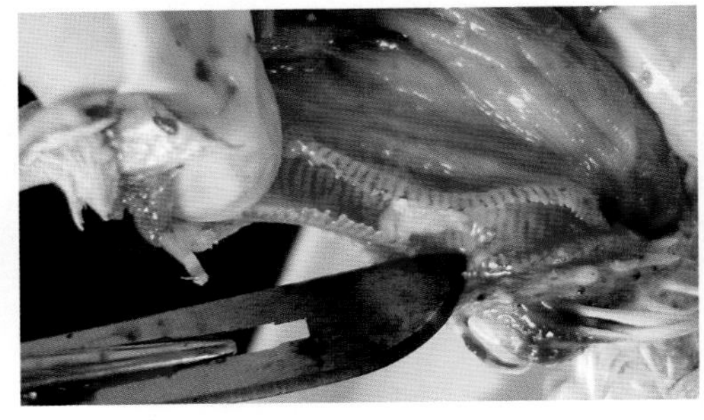

彩图7-17　气管内黏稠分泌物

彩图7-18　气管呈环样出血

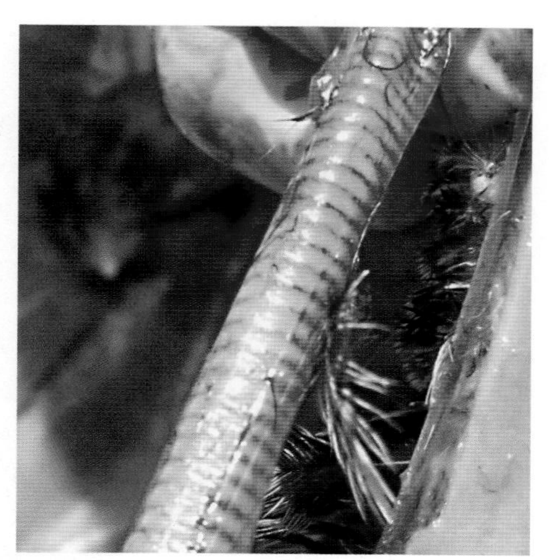

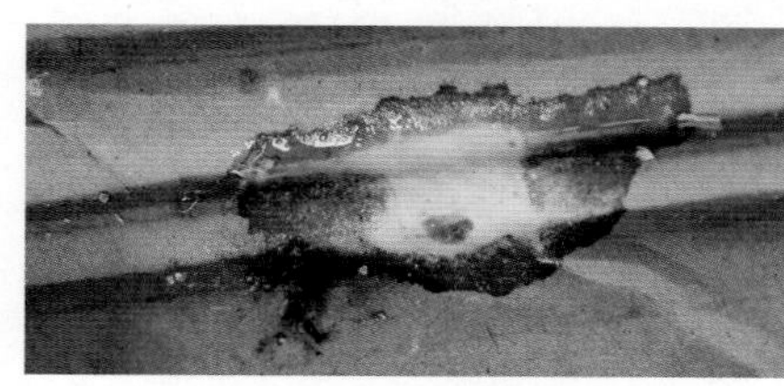

彩图7-19　沙门氏菌引起鹌鹑排白色稀粪

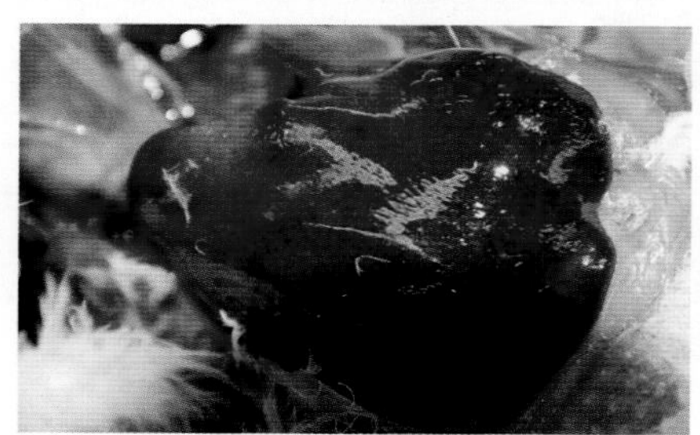

彩图7-20　肝脏肿大，内有针尖样灰白色坏死点

彩图7-21　心包炎、心包积液

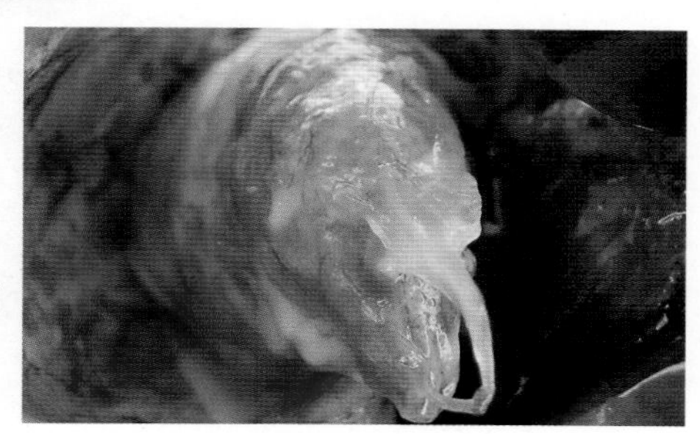

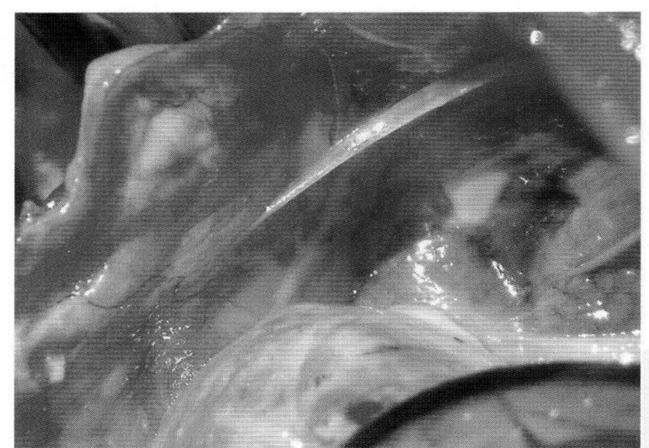

彩图7-22　胸腔膜混浊

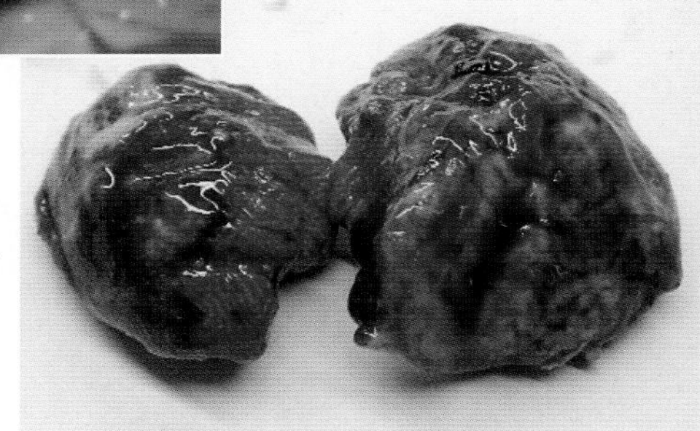

彩图7-23　严重肺炎，有肉芽肿结节

彩图7-24　肝周炎，表面有纤维渗出物

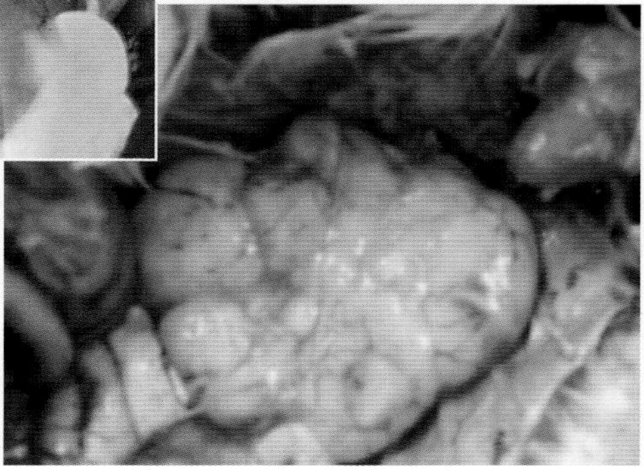

彩图7-25　卵泡变性、坏死

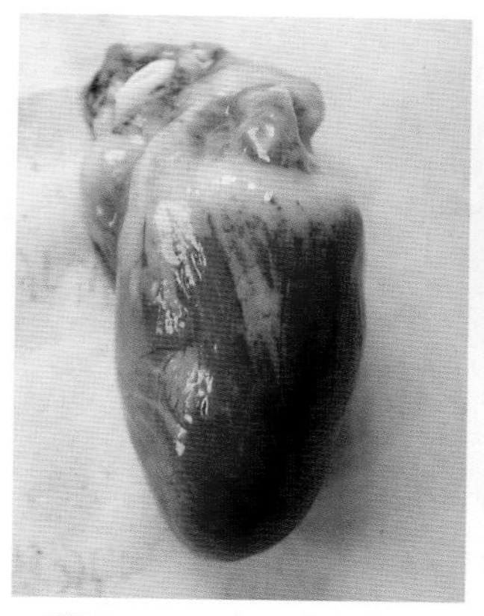

彩图 7-26　心冠脂肪出血

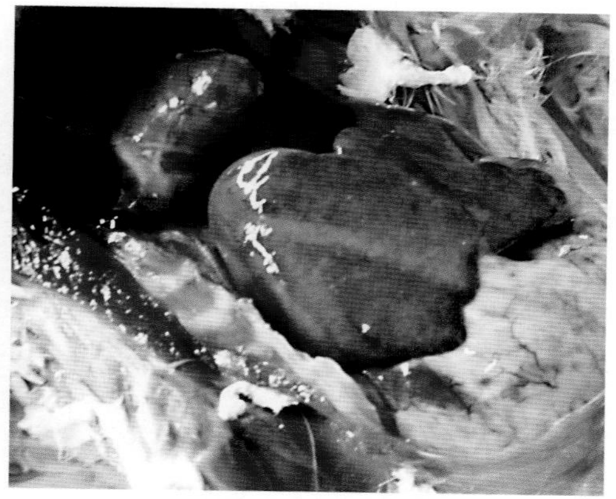

彩图 7-27　肝脏肿大，有广泛密集的针尖样灰白色坏死点

彩图7-28　小肠外观溃疡斑

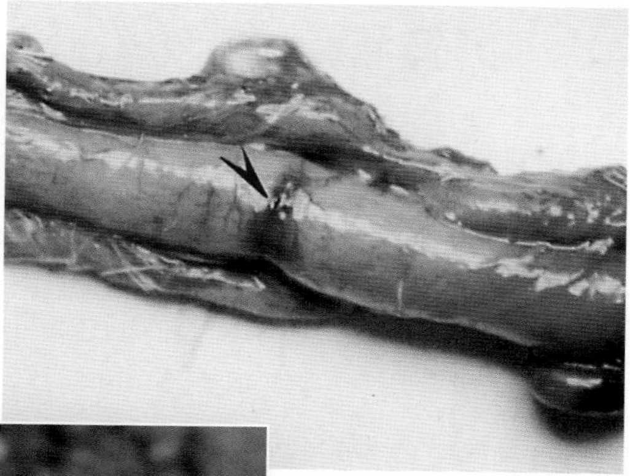

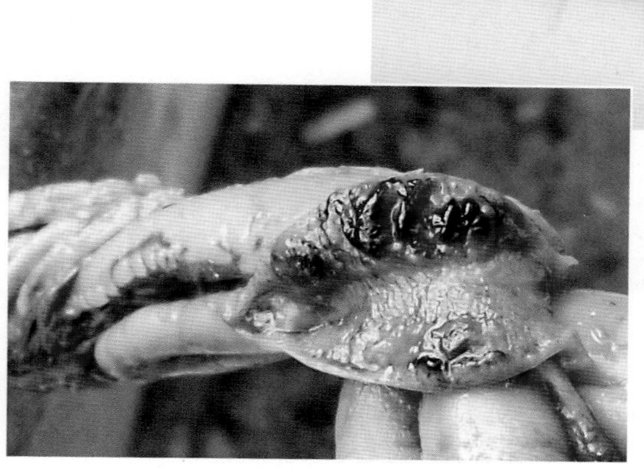

彩图 7-29　小肠剖面出现黑色溃疡灶

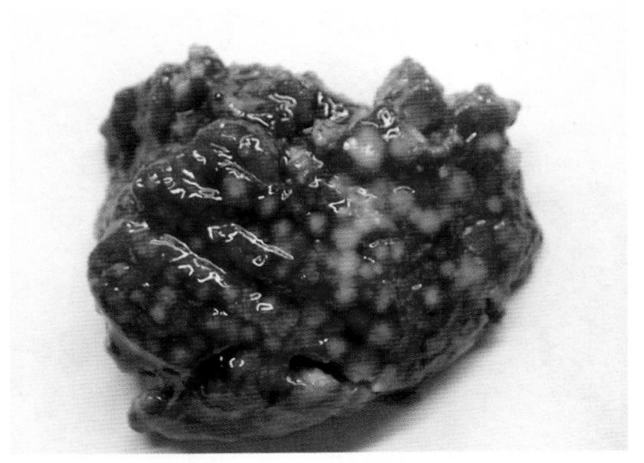

彩图 7-30　肺霉菌结节

彩图 7-31　肝黄白色霉菌性结节

彩图 7-32　肠黄白色霉菌性结节

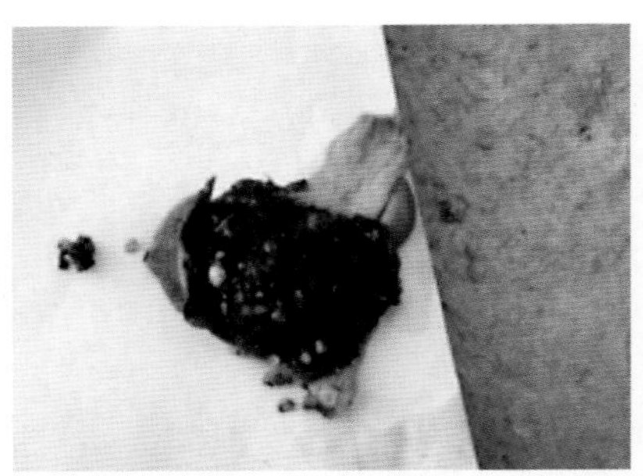

彩图 7-33　肌胃内容物呈墨绿色